Massimiliano Sassoli de Bianchi

Pesa di più:
1 kg di ferro o
1 kg di piume?

Illustrazioni dell'autore

Titolo: Pesa di più: 1 kg di ferro o 1 kg di piume?
Autore: Massimiliano Sassoli de Bianchi
Progetto grafico copertina: Paola Patocchi

- *Prima Edizione* -

ISBN: 978-1-4457-3926-7

Published by: Lulu (www.lulu.com)

Indice

1. Ingannelli serali

Quando ero ancora un bambino, all'ora della buona notte mio padre si divertiva a stuzzicarmi con degli **indovinelli.**

*"Se un mattone pesa **1** chilo + **mezzo** mattone...*

... quanto pesa un mattone?"

Io rispondevo: "Pesa **1** chilo e **mezzo** papà". Lui però ribatteva divertito: "No tesoro, sbagliato: un mattone pesa **2** chili!" Io non capivo e così su un foglietto di carta mi disegnava la seguente addizione-spiegazione:

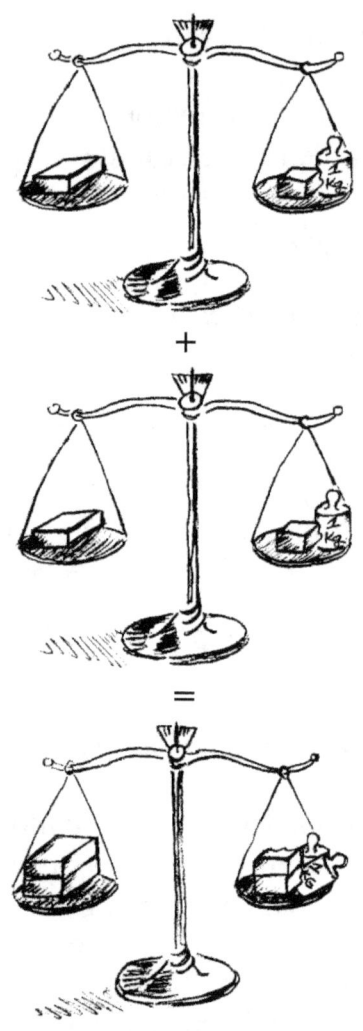

Nonostante il suo disegno-spiegazione, io ancora non capivo. Così lui aggiungeva: "Togli **1** mattone dal piatto di sinistra della bilancia e togli **2 mezzi** mattoni – che sono sempre **1** mattone – dal piatto di destra. Cosa ottieni?" Io eseguivo la manovra e stupefatto scoprivo che…

… aveva ragione lui!

Un'altra volta mi fece il seguente indovinello, o forse dovrei chiamarlo **ingannello?**

*"Pesa di più **1** chilo di **ferro** o **1** chilo di **piume?**"*

Mi ricordo che sicuro del fatto mio subito mi affrettai a rispondergli: "Sicuramente pesa di più **1** chilo di **ferro** papà, perché le cose di **metallo**, come le corazze dei guerrieri medievali, sono molto **pesanti**, mentre le **piume** che ornano le ali degli uccelli sono molto **leggere!**"

Non vi dico la delusione quando mi sentii rispondere: "No tesoro, sbagliato: **pesano uguale**, perché **1** chilo è sempre **1** chilo!" A quanto pare, una volta di più mi ero lasciato ingannare dai suoi… ingannelli!

2. Sapere di non sapere

Forse a causa degli ingannelli serali di mio padre, da grande decisi di diventare un **fisico**. I fisici sono scienziati che vanno a caccia dei **misteri della natura.** La natura, infatti, spesso si comporta come gli ingannelli di mio padre.

Provate ad osservare il **Sole** mentre percorre il suo lungo tragitto nel cielo. Sembra che ci stia girando intorno, e invece no: è solo un ingannello!

In realtà è la **Terra** che si diverte a giostrare su se stessa, creando **l'illusione** di un immenso girotondo.

Attenzione dunque: **le apparenze spesso ingannano!**

Forse aveva ragione un certo **Socrate**, un saggio dell'antica Grecia nato quasi **2500** anni fa. Lui si chiedeva sempre: "Che cosa so veramente?" E a tale cruciale quesito rispondeva affermando:

"Tutto quel che so è di non sapere!"

Di certo era un gran pessimista. Noi fisici però la pensiamo un po' come lui: riteniamo che possiamo essere certi soltanto dei nostri **errori!** Ecco perché siamo temibili **cacciatori d'errori.** Ogni volta che ne scoviamo uno siamo sicuri di avere imparato una cosa nuova: **un modo nuovo di non commettere un errore!**

A proposito di errori: non ci crederete davvero che **1** chilo di **piume** pesi come **1** chilo di **ferro**, vero? Perché se lo pensate davvero allora siete degli asinelli, proprio come mio padre... con tutto il rispetto s'intende!

Se vi state chiedendo come possa affermare una cosa del genere, ve lo spiego subito. Noi fisici abbiamo la mania degli **esperimenti.** Così un bel giorno mi sono procurato una bilancia molto **precisa...**

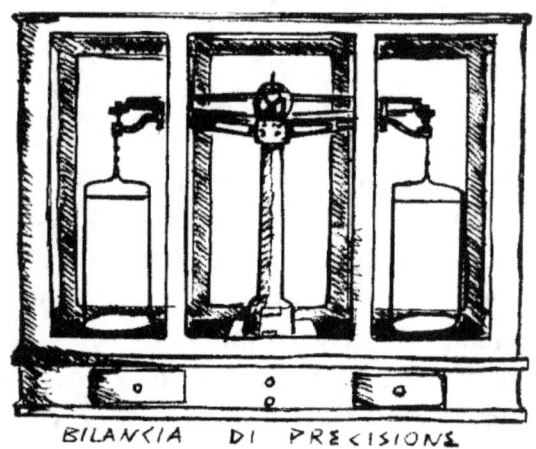

BILANCIA DI PRECISIONE

... ho preso esattamente **1 chilo di piume** e **1 chilo di ferro...**

1 kg di piume

1 kg di ferro

… ho posato le piume sul piatto di sinistra della **bilancia di precisione** e il ferro su quello di destra, e a mia grande sorpresa…

… ho scoperto che l'**ago** della bilancia pendeva, seppur di poco, a favore del chilo di ferro! In altre parole, ho scoperto che da bambino avevo ragione io, poiché: **sulla Terra, seppur di**

poco, 1 chilo di ferro pesa di più di 1 chilo di piume!

Dico **sulla Terra** perché nel caso voi foste dei **seleniti,** cioè degli abitanti della **Luna,** allora a casa vostra **1** chilo di piume peserebbe proprio come **1** chilo di ferro. Ma non è tutto, permettetemi una domanda:

*Può un mattone pesare **2 chili?***

Certo che può – mi direte voi – lo ha dimostrato mio padre con la sua strana addizione-spiegazione. E invece no! Grazie ai miei studi di fisica ho scoperto che un mattone non potrà mai pesare **2 chili,** così come ferro e piume non potranno mai pesare **1 chilo!**

Non preoccupatevi, non mi ha preso fuoco la segatura che ho in testa! Spero però di avervi incuriosito e che ora vorrete venire a caccia con me di questo strano e **pesante errore.**

Dimenticavo, l'esperimento con la bilancia di precisione mi ha permesso di capire un'altra cosa: che **a volte** i bambini, senza saperlo, hanno ragione, e gli adulti, sempre senza saperlo, hanno torto. Ho detto **"a volte"**! Perciò non pensate di disubbidire ai vostri genitori e venire poi a incolpare me! (Anche se i vostri vecchi hanno ormai 80 anni!)

3. Puntini sulle "i"

Prima di dare inizio alla nostra caccia all'errore dobbiamo schiarirci le idee su alcune cosette. Dovete sapere che noi fisici siamo famosi per la nostra **mania di precisione.** Vogliamo sempre mettere i puntini su tutte le **"i"**!

Non lo facciamo per fare i noiosi, o i pedanti, o per sembrare più intelligenti. È solo che per esperienza sappiamo che in certe questioni se non si è precisi non se ne cava un ragno dal buco.

Se invece della bilancia di precisione avessi usato una bilanciaccia da quattro soldi, di certo non avrei potuto accorgermi che **1 chilo di piume** pesa meno di **1 chilo di ferro.**

Devo però confessarvi una cosa: l'esperimento in verità non l'ho fatto con le piume. Sapete, non è pratico tenere a bada un chilo di piume! E poi ci tenevo troppo al mio bel cuscino, che avrei dovuto sacrificare per il bene della scienza. Per cui ho rimpiazzato le piume con del semplice **polistirolo espanso**, un materiale bianco, molto leggero, che si usa per imballare le cose fragili.

Se **1 chilo di ferro** pesa di più di **1 chilo di polistirolo espanso** – mi sono detto – la stessa cosa varrà anche per le **piume!**

Un'ultima confessione: **1 chilo** di polistirolo espanso non ci entrava nella bilancia di precisione: era troppo **voluminoso!** Così ho modificato ulteriormente l'esperimento e invece di **1 chilo** di polistirolo ne ho pesato soltanto **1 grammo**, cioè **1 millesimo** di chilo. A proposito, dire **"chilo"** non è preciso. La parola **chilo** (che si può scrivere anche **kilo**) significa **1000**.

Sì ma: 1000 di che cosa?

I chili che si mettono sulla bilancia sono i **chilogrammi,** cioè le **migliaia di grammi**, mentre i chili che percorriamo per strada sono i

chilometri, cioè le **migliaia di metri.**
Per cui:

*Quando diciamo 1 **chilo** di ferro stiamo pensando a un piccolo oggetto di ferro da 1 **chilogrammo,** oppure a un immenso oggetto di ferro lungo 1 **chilometro?***

Meglio essere precisi non credete? Oltre ad essere precisi vale anche la pena essere furbi. È stancante scrivere sempre le parole **chilogrammo** o **chilometro**: sono molto lunghe e ci si affatica il polso! Perciò tra scienziati ci siamo messi d'accordo e abbiamo deciso di usare la lettera **k** per dire **chilo**, cioè **1000**, e la lettera **g** per dire **grammo**.

Quindi, **1 kg** si legge **1 chilogrammo** e significa **1000 g**, cioè **mille grammi**. Stessa cosa per i **chilometri**, che scriviamo **km**, e per un mucchio di altre cose ancora.

Tutto questo era solo per dirvi che invece di **1 kg** di polistirolo espanso, che nella bilancia di precisione non ci entrava, ne ho usato solo **1 g**. Naturalmente, anche sull'altro piatto della bilancia ho messo solo **1 g** di ferro, di modo che l'esperimento rimanesse valido.

Ma per diventare fisici provetti non basta essere precisi nelle **misure.** Bisogna essere precisi anche nei **concetti.** In altre parole, bisogna sapere sempre con precisione di che cosa si sta parlando.

Per farvi un esempio, una volta un giornalista chiese ad **Albert Einstein,** il fisico più famoso di tutti i tempi: "Professore, lei crede in **Dio?**" A tale quesito il grande scienziato rispose:

Hm… lei mi dica cosa intende **precisamente** con la parola **"Dio"** ed io le potrò dire se ci credo o meno!

Il giornalista – potete immaginarlo – non sapeva più cosa rispondere, non avendo nessuna idea di come definire con precisione Dio.

Se il Professor Einstein era un tipo così preciso è perché sapeva bene che solo con dei pensieri chiari e accurati si poteva far luce su un grande mistero.

Provate ora a immaginare quel giornalista chiedere ad Einstein: "Professore, lei ci crede che **1 kg** di **ferro** pesi di più di **1 kg** di **piume?**"

Secondo voi cosa avrebbe risposto il grande scienziato? Beh, molto probabilmente avrebbe detto:

Hm… lei mi dica cosa intende esattamente con le parole **"pesa di più"** ed io le potrò dire se ci credo o meno!

4. Amore universale

Per andare a caccia del nostro pesante errore dobbiamo cominciare col rispondere alla domanda postaci dal Professor Einstein:

*Che cosa significa che una cosa **pesa di più** di un'altra cosa?*

Ma soprattutto: *Che cos'è il **peso?***

Noi fisici riteniamo che il miglior modo di conoscere le cose sia tramite l'**esperienza**. Ad esempio, se volete sapere che cos'è una **torta alle fragole** non è sufficiente adocchiarla nella vetrina di un pasticcere. Dovete odorarne la fragranza, provarne la consistenza e, soprattutto, **assaggiarla!** Solo così saprete che cos'è veramente una torta alle fragole!

*Ma in che modo possiamo fare esperienza del **peso?***

È facile: alzatevi in piedi e fate un bel **salto.** Che cosa succede?

A. **Fluttuate** a mezz'aria?
B. Spiccate il **volo**?
C. Entrate in **orbita**?

Se nulla di tutto questo accade è principalmente per tre ragioni:

1. Non vi chiamate Clark Kent (alias Superman).
2. Non siete dei pennuti.
3. Una strana **forza** vi riporta coi piedi per terra!

Ma allora – mi direte voi – il peso sarebbe una **forza?**

Proprio così! Ma non una forza qualsiasi: **esattamente quella forza che vi tira verso il basso, ossia verso il centro del pianeta.**

Il primo grande esperto di forze fu un certo **Isaac Newton,** geniale fisico e matematico inglese, nato nel **1642.**

Newton era convinto che per quanto astrusi fossero gli ingannelli della natura le soluzioni dovevano essere sempre molto semplici. Lui chiamava queste soluzioni **leggi di natura.**

Forse avete già sentito parlare del Signor Newton a proposito della leggenda della mela che gli cadde sulla testa. Si dice che fu proprio in virtù di quello strano e involontario esperimento che scoprì che la forza misteriosa che tirava la mela verso il basso (direttamente sulla sua nobile testa!) era la stessa che obbligava la Luna a girare attorno alla Terra.

Questa forza è detta **forza gravitazionale,** o più semplicemente **gravitazione.**

Alcuni miei colleghi, molto romantici, pensano che la forza gravitazionale sia un po' come l'**amore universale,** poiché attira e unisce tutti i corpi, senza fare mai distinzioni.

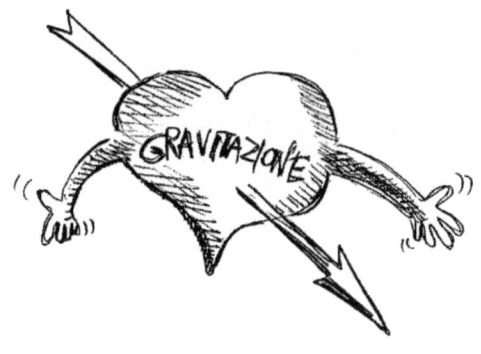

Romanticismo a parte, se noi **Homo sapiens sapiens** rimaniamo pacificamente aderenti alla terra e non ci ritroviamo in orbita ogni volta che saltabecchiamo qua e là, è perché il nostro pianeta ci **attira** inesorabilmente a lui, tramite la forza gravitazionale.

Il grande Newton scoprì anche che è sempre la forza gravitazionale a mantenere la Luna sulla sua orbita attorno alla Terra, come se i due globi fossero uniti da una misteriosa **fune invisibile**.

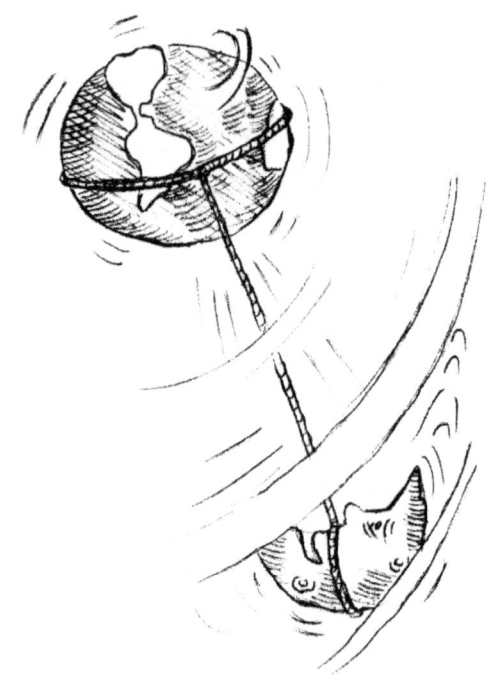

La cosa sorprendente è che non è solo la Terra ad attirare voi e la Luna, ma anche voi ad attirare la Terra e la Luna. E la Luna ad attirare voi e la Terra. In altre parole: **l'attrazione è sempre reciproca!**

Ma la Terra e la Luna quasi non si accorgono di noi umani, poiché siamo infinitamente **meno massicci** di loro.

Detto questo, possiamo finalmente spiegare al Professor Einstein cosa intendiamo quando parliamo di peso. Ebbene:

"Il peso è quella forza che attira ogni corpo verso il basso, cioè verso il centro del pianeta, a causa dell'attrazione gravitazionale."

Spero concorderete con me che non bisogna essere dei geni per capire che quando poniamo un oggetto su un piatto della bilancia – ad esempio un pezzo di ferro o di polistirolo – il peso dell'oggetto **spingerà** il piatto **verso il basso.** E se non mettiamo un oggetto di pari peso sull'altro piatto della bilancia, questa s'inclinerà, cioè si **sbilancerà!**

Alla domanda di Einstein possiamo dunque rispondere in questo modo:

"Distinto Professore, con le parole **'pesa di più'** intendiamo dire esattamente quanto segue: se **A** e **B** sono **2** corpi, allora il corpo **A pesa di più** del corpo **B** se la **forza** che tira **A** verso il basso è **superiore** alla **forza** che tira **B** verso il basso, così come misurato da una buona bilancia, meglio se di precisione."

Voilà! E ora che siamo stati così precisi possiamo rifare al celebre scienziato la nostra domanda:

*"Professore,   lei   concorda nell'affermare che **1 kg** di ferro **pesa di più** di **1 kg** di piume?"*

Uff… meno male che il Professor Einstein è d'accordo, sennò che figuraccia avrei fatto!

5. Forze e frecce

Per diventare esperti di **forze** dovete imparare a guardare le cose come facciamo noi fisici. In tutto ciò che osserviamo – che sia un oggetto, una persona, un paesaggio o quant'altro – vediamo sempre e solo **forze in azione**. È una vera e propria deformazione professionale!

Un paesaggio visto attraverso gli occhi di un fisico

Per noi le forze sono simili a delle **frecce**, che nel nostro gergo scientifico chiamiamo **vettori**. L'**asta** della freccia indica la **direzione** della forza mentre la **punta** della freccia indica il **verso** (o senso) in cui tira o spinge la forza. La **lunghezza** della freccia indica invece l'**intensità** della forza, ossia quanto forte è la forza!

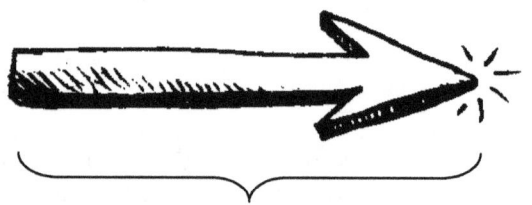

più la freccia è lunga
e più la forza è forte!

Ma a differenza delle frecce degli indiani d'America, la lunghezza delle **frecce-forza** di noi fisici non si misura in metri o in centimetri, bensì in **newton,** in onore del grande **Isaac!** Naturalmente, non scriviamo ogni volta per intero la parola **"newton"**, sarebbe troppo faticoso. Usiamo invece l'abbreviazione: **N = newton.**

Ad esempio, una forza di **10 N** (cioè di dieci **newton**) tira (o spinge) **10** volte più forte di una forza di **1 N,** ma solamente **2** volte più forte di una forza da **5 N.**

1 N

5 N

10 N

La cosa interessante è che le forze, come i numeri, si possono **sommare** tra loro. Se due frecce-forza hanno la **stessa direzione** e lo **stesso verso,** la loro somma dà una forza più grande. In questo caso, come dice il proverbio: **l'unione fa la forza!**

Se invece due frecce-forza di **pari intensità** (cioè di stessa lunghezza)

hanno la **stessa direzione** ma il **verso opposto,** la loro somma si **annulla,** come in una disintegrazione.

Per controllare se avete capito tutto vi faccio una domandina innocente:

*Come mai non sprofondate nel terreno e **precipitate?***

Qualora ve ne foste dimenticati, vi ricordo che il vostro peso, che è una forza, vi tira inesorabilmente verso il centro della Terra!
Pertanto, il vostro corpo dovrebbe muoversi sempre più velocemente nella direzione della vostra freccia-peso, nel verso indicato dalla sua punta, vale a dire sottoterra, **verso il centro del pianeta!**
Non è forse quel che accade a un paracadutista quando si lancia da un

38

aereo e comincia a precipitare…
precipitevolissimevolmente? Questo sicuramente spiega perché i paracadutisti, prima di buttarsi, sono soliti equipaggiarsi con un buon paracadute (+ **1** di scorta).

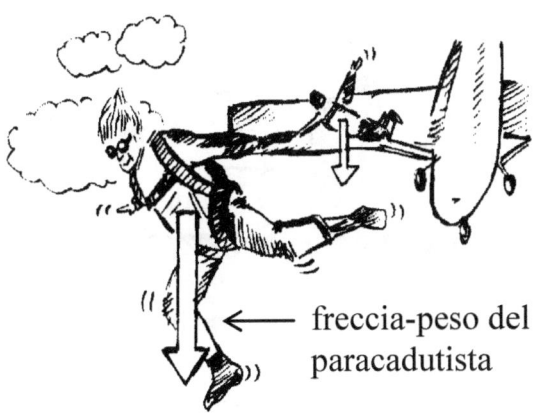

freccia-peso del
paracadutista

Voi però la mattina, quando vi buttate giù dal letto, non indossate un paracadute.

Non temete forse di precipitare verso il centro del pianeta? Qual è la differenza tra voi e il paracadutista?

Semplice: contrariamente al paracadutista i vostri piedi poggiano **sulla terra!**

Di conseguenza, sebbene i vostri piedi spingano il terreno verso il basso (a causa del vostro peso), il terreno **reagisce** spingendo i vostri piedi verso l'alto, con una forza di **pari intensità** ma **verso opposto**.

E siccome, come abbiamo visto, la somma di due frecce-forza di stessa lunghezza, ma verso opposto, equivale a un **puff,** cioè a uno **zero,** potete rimanervene in piedi immobili, come se nulla fosse, senza il rischio di precipitare sottoterra.

Fu proprio il grande Newton a scoprire questo strano fenomeno, che chiamò **legge (o principio) di azione e reazione.**

Naturalmente, il terreno reagisce finché può, vale a dire fino a quando non si rompe. Se per caso vi trovate sulla superficie di un lago ghiacciato e siete un simpatico **orco** di **900 kg...**

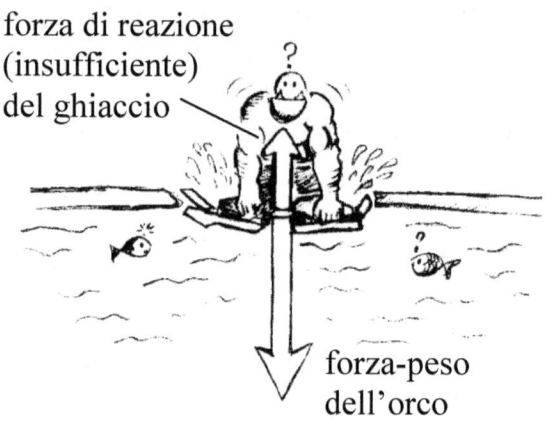

forza di reazione (insufficiente) del ghiaccio

forza-peso dell'orco

... allora sì che farete meglio a procurarvi un paracadute, o meglio un salvagente!

Come dimostra l'esperimento dell'orco, non sempre le forze che si oppongono hanno pari intensità. In tal caso la loro somma non è più uguale a **zero** e vince la freccia-forza più lunga, anche se, a causa del "combattimento", perde parte della sua intensità.

Vediamo di fare un riassunto. Se **2** frecce-forza hanno la stessa lunghezza e la stessa direzione, ma sono di verso opposto, allora si controbilanceranno, annullandosi vicendevolmente (**puff!**).

Questo è sempre il caso se un corpo si trova in condizioni di **equilibrio**, come voi la mattina quando scendete dal letto e ve ne restate quietamente in piedi, **immobili**, senza bisogno di paracadute.

Se invece la lunghezza delle **2** frecce-forza che si oppongono non è esattamente uguale, la loro somma non darà più **zero**.

È il caso di un orco troppo massiccio che cammina su uno strato di ghiaccio troppo fine: il suo corpo non è più in equilibrio e viene spinto in direzione della freccia-forza vincente, fino a raggiungere una nuova condizione di equilibrio. (Giù in fondo al lago!)

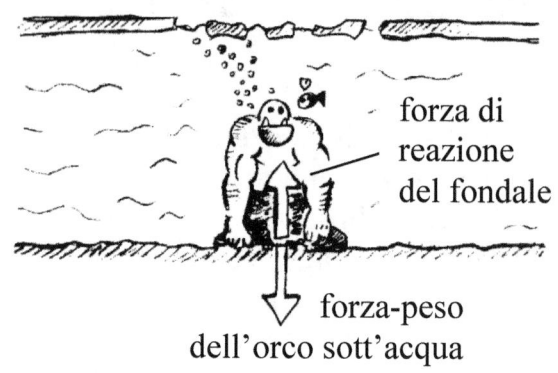

forza di reazione del fondale

forza-peso dell'orco sott'acqua

6. Attenti alla logica

Ora vi devo parlare di uno strumento importantissimo, che noi scienziati usiamo quotidianamente nel nostro lavoro: la **logica**. Naturalmente, la logica non la usiamo solo noi scienziati. Anche voi la usate ogni giorno, quando parlate con qualcuno o ragionate sulle cose. Gli scienziati cercano però di usarla sempre con molta **precisione**.

Facciamo un esempio di **ragionamento logico** in **3 fasi**:

1. I **fisici** sono **scienziati**.
2. **Einstein** era un **fisico**.
3. *Conclusione*: **Einstein** era uno **scienziato**.

Semplice no? Gli esperti di logica chiamano questo tipo di ragionamento **sillogismo**. Si parte da un'affermazione generale – i fisici sono scienziati – poi si aggiunge un'affermazione particolare – Einstein era un fisico – e infine si raggiunge una conclusione logica: Einstein era uno scienziato. Proviamo ancora:

(a) Gli **uomini** sono **mammiferi.**
(b) **Newton** era un **uomo.**
(c) *Conclusione*: **Newton** era un **mammifero.**

Ora attenzione, perché il prossimo sillogismo è molto importante per la nostra caccia all'errore:

1. Le **forze** si misurano in **newton.**
2. Il **peso** è una **forza.**
3. *Conclusione*: Il **peso** si misura in **newton.**

Forse non avete capito bene, quindi ve lo ripeto: **i pesi si misurano in newton, dato che i pesi sono forze e che tutte le forze si misurano in newton!**
Ora sapete che non mi ero bevuto il cervello quando poco fa ho affermato che un mattone non potrà mai pesare **2**

kg, così come ferro e piume non potranno mai pesare **1 kg.** Infatti, **le forze non si misurano in kg, e tanto meno quella forza chiamata peso!**

Probabilmente alcuni di voi moriranno dalla voglia di dirmi:

"Lei deve essere in preda a un attacco di **scemite acuta!** Non è mai salito su una **bilancia pesapersone?** Non ha mai notato che il quadrante della bilancia è **graduato in kg?**"

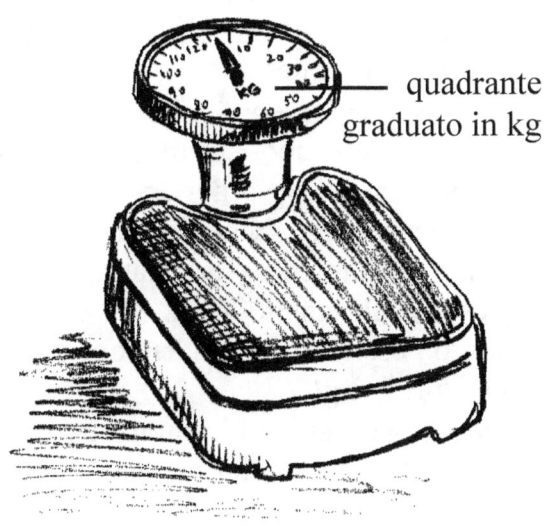

quadrante graduato in kg

E forse vorrete anche aggiungere: "Se usiamo il suo bel sillogismo, possiamo affermare che:

1. Le **pesapersone** misurano il **peso**.
2. Le **pesapersone** sono graduate in **kg**.
3. *Conclusione*: il **peso** si misura in **kg**."

Allarme! Io vi avevo avvisato, la logica è uno strumento di precisione, da usare con cautela, altrimenti da premesse esatte si può arrivare a conclusioni errate.

Adesso vi spiego. Che le bilance pesapersone siano strumenti costruiti per misurare il peso dei corpi questo è certamente vero. Che le pesapersone siano solitamente graduate in **kg** questo è altrettanto vero. Ma non per questo possiamo concludere che il peso si misuri in **kg!**

Non scoraggiatevi, non è colpa vostra: nessuno vi ha mai insegnato a dialogare con una pesapersone. Ma ci sono qua io!

Innanzitutto dovete salire sulla vostra pesapersone preferita e osservare attentamente la **lancetta**.

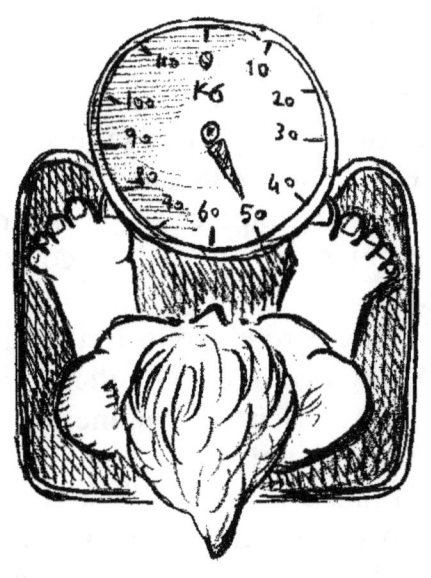

A quanto pare indica **50 kg**, e ciò significa che siete piuttosto grassottelli per la vostra età!

Comunque, contrariamente a quanto siete soliti credere, la pesapersone non vi sta dicendo che pesate **50 kg.** Nossignori. È chiaro che voi non parlate il **pesapersonese!**

Permettetemi di tradurre: quello che la vostra pesapersone sta cercando di dirvi è che voi pesate **circa come** un corpo di **50 kg.**

Non so se notate la sottigliezza. La bilancia non vi dice direttamente **quanto** pesate, perché se lo facesse vi darebbe un risultato in **newton.** Piuttosto, vi dice che il vostro peso è **paragonabile** al peso di un corpo di **50 kg.**

In altre parole, molto furbescamente, **la pesapersone vi dice quanto pesate... senza realmente dirvi quanto pesate!**

Ma non è tutto. Proviamo a rifare lo stesso esperimento, questa volta però sulla **Luna.** Naturalmente, sulla Luna non potrete pesarvi **nudi**, come mamma vi ha fatto. Avrete bisogno di una **tuta spaziale!**

Perciò, prima di andare a pesarvi sulla Luna, dovete ripesarvi ancora una volta sulla Terra, questa volta con la tuta spaziale.

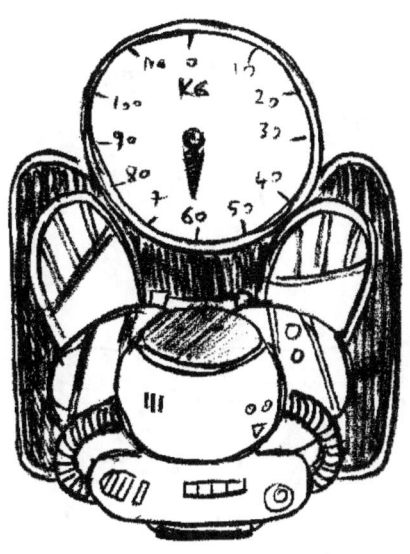

A quanto pare la pesapersone indica **60 kg.** Dunque: **50 kg** per il vostro corpo di carne + **10 kg** per la tuta da cosmonauta. Bene, ora recatevi sulla Luna con il primo razzo disponibile. Non dimenticatevi la tuta e, beninteso, la vostra pesapersone. Quando siete arrivati, scendete dal modulo d'atterraggio, posate la pesapersone a terra (cioè volevo dire **a luna**) e saltateci sopra.

Che cosa indica questa volta la **lancetta?**

Non so se la cosa vi sorprende, ma ora punta…

… verso i **10 kg!**

In altre parole, secondo l'autorevole parere della vostra adorata pesapersone, **sulla Terra** voi pesate (tuta compresa) **circa come** un corpo di **60 kg,** mentre **sulla Luna** (sempre tuta compresa) pesate **circa come** un corpo di **10 kg!**

Se davvero la cosa continua a non sorprendervi, provo a ridirvela in un altro modo:

Sulla Terra la vostra pesapersone vi paragona a un **cane San Bernardo,** mentre sulla Luna vi paragona a un **cane bassotto!**

*Questo è un'inquietante mistero non trovate? Forse che durante il viaggio qualche strano campo di forze **alieno** vi ha sottratto parte della materia con cui siete fatti?*

Difficile da credere e personalmente vi consiglio di non farlo, giacché la soluzione è molto più semplice di così. Infatti: **sulla Luna le pesapersone terrestri danno i numeri!**

Non fate quell'espressione sorpresa. Anche voi sulla Luna non funzionate normalmente. Anzi, senza una tuta spaziale non funzionate del tutto! Lo stesso vale per le pesapersone terrestri: sulla Luna cadono in confusione e necessitano di un **traduttore.**

Fortunatamente la traduzione è moto semplice: **quello che una pesapersone terrestre vi racconta sulla Luna ridiventa vero se lo moltiplicate all'incirca per 6.**

7. Masse, volumi e densità

Risolto un mistero immancabilmente se ne presenta uno nuovo. Meglio così, altrimenti noi scienziati ci ritroveremmo presto disoccupati.

Ora sappiamo che le pesapersone, come tutte le bilance, non ci dicono quanto pesiamo, ma paragonano il nostro peso a quello di un altro corpo. E questo spiega perché comunicano in **chilogrammese,** anziché in **newtonese.**

Inoltre, grazie alla vostra gita spaziale abbiamo appurato che sulla Luna le pesapersone cadono in preda a una forte confusione, dacché paragonano un astronauta di **60 kg** a un bassotto di **10 kg.**

Come può accadere tutto questo? Prima di svelare il mistero dobbiamo capire che cosa sono i **kg.**

*Se i **kg** non servono a misurare il peso, a che cosa servono?*

O meglio:

Che cosa misurano i kg?

Per rispondere a questa domanda dovete recarvi a **Parigi,** all'**ufficio internazionale dei pesi e delle misure.** In questo luogo è gelosamente conservato sotto numerose campane di vetro un piccolo oggetto cilindrico, fatto di **platino** e **iridio** (due metalli preziosi).

Nel **1889** tutti i fisici del mondo, di comune accordo, hanno decretato che quel piccolo cilindro di metallo contiene **per definizione** esattamente **1 kg di materia.**

In fisica usiamo la parola **massa** per indicare la **quantità di materia** contenuta in un corpo, misurata in **kg.**

Ad esempio, **1 litro** di acqua **pura** possiede una **massa** di circa **1 kg**, e ciò significa che contiene pressoché la stessa quantità di materia del prezioso cilindretto di platino-iridio conservato a Parigi.

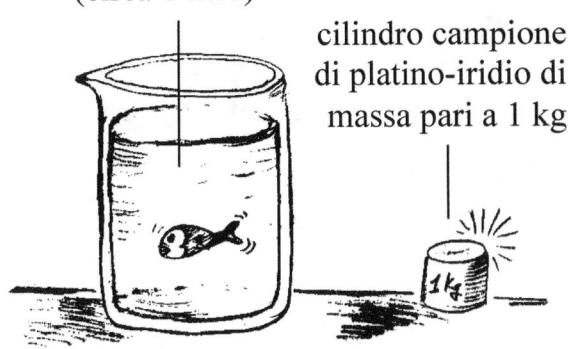

cilindro di acqua
di massa pari a 1 kg
(circa 1 litro)

cilindro campione
di platino-iridio di
massa pari a 1 kg

Come noterete, la materia contenuta in **1 kg** d'acqua occupa molto più **spazio** della materia contenuta nel cilindretto di metallo di Parigi.

In fisica usiamo il termine **volume** per indicare lo **spazio occupato** da un corpo, che misuriamo solitamente in **metri cubi** (abbreviato in $\mathbf{m^3}$).

Riassumendo: quando affermiamo che un corpo è **molto massiccio,** ciò che intendiamo è che contiene **molta materia.**

Quando invece affermiamo che un corpo è **molto voluminoso,** ciò che intendiamo è che contiene (o occupa) **molto spazio.**

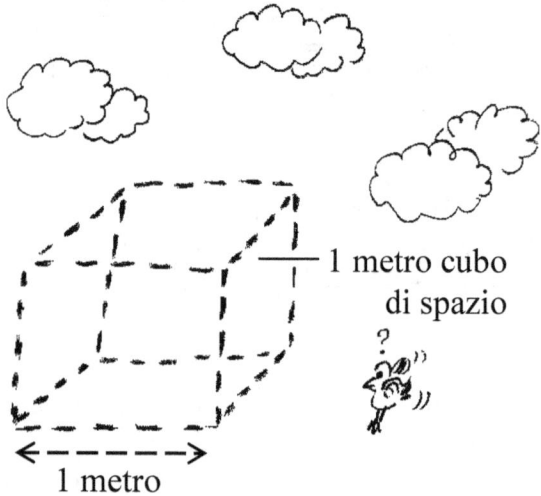

1 metro cubo di spazio

← - - - - - →
1 metro

Due corpi possono però contenere la stessa **quantità di materia** pur non occupando la stessa **quantità di spazio.** In altre parole, due corpi possono avere la stessa **massa** ma non lo stesso **volume.**

In fisica usiamo la parola **densità** per descrivere questo fatto.

Diciamo che: **un corpo A è più denso di un corpo B se, a parità di massa, il corpo A è meno voluminoso del corpo B.**

Facciamo qualche esempio, paragonando tra loro i volumi occupati da **1 kg** di: **(1) Aria; (2) Litio; (3) Legno; (4) Ghiaccio; (5) Acqua; (6) Sabbia secca; (7) Ferro; (8) Argento; (9) Mercurio; (10) Oro; (11) Platino; (12) Iridio.**

Come potete osservare sul disegno della pagina seguente, il kg d'aria è quello che occupa più spazio. Infatti, l'aria è un **gas** e i gas sono sempre molto meno densi delle sostanze **liquide** o **solide.**

Curiosamente però, non tutti i **metalli** sono molto densi, come credevo io quando ero piccolo. Il **litio,** che è il più leggero dei metalli, è addirittura meno denso di molte varietà di legno, e ben **42** volte meno denso del più denso dei metalli, che è l'**iridio.**

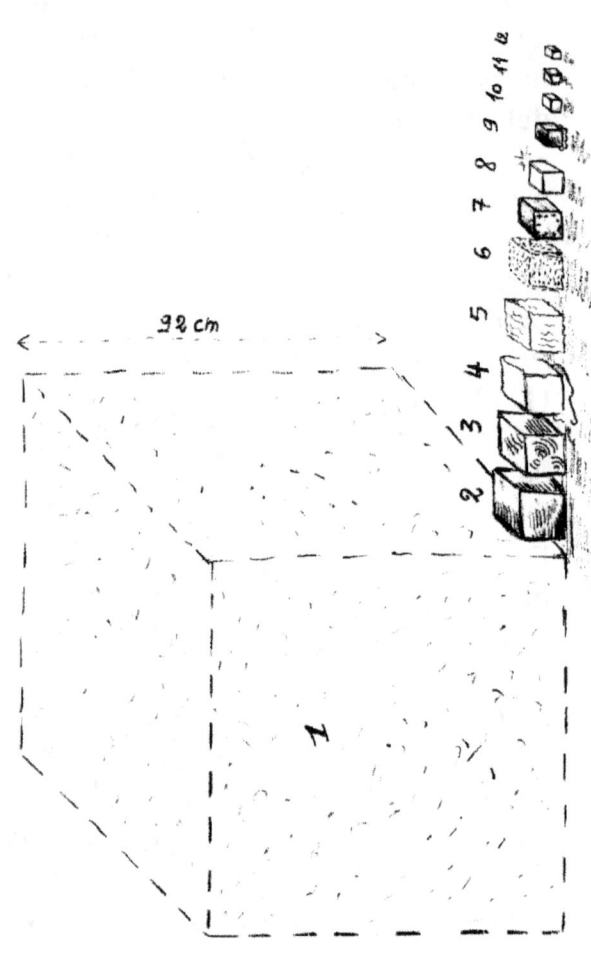

92 cm

Ci sono dunque differenze di densità enormi tra le diverse sostanze, come nel caso del ferro e delle piume o del ferro e del polistirolo. Se mettiamo fianco a fianco **1 kg** di **ferro** e **1 kg** di **polistirolo,** ecco cosa otteniamo:

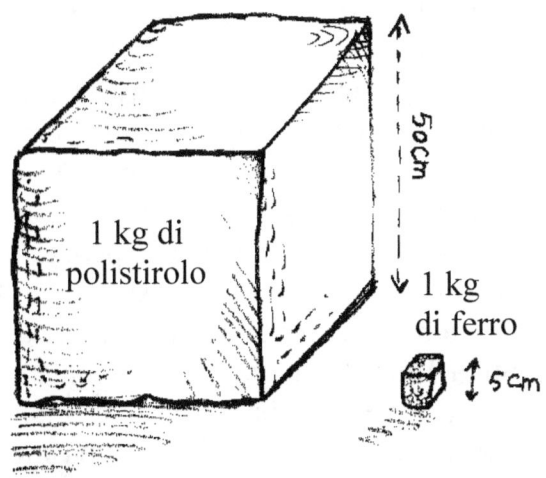

Una differenza impressionante non credete?

Bene, ora che ci siamo schiariti le idee sui concetti di **massa, volume** e **densità,** possiamo tornare al nostro piccolo mistero delle pesapersone che soffrono di mal di Luna. Quello che non abbiamo ancora chiarito è come mai le **pesapersone terrestri** diventano inaffidabili sulla **Luna.** Fu sempre Newton a svelare questo inquietante mistero, scoprendo che:

Più i corpi sono massicci e più la forza gravitazionale che li attrae è intensa.

Se ad esempio la Terra diventasse di colpo **2** volte più **densa**, noi saremmo attratti verso il centro del pianeta con una forza **doppia** rispetto a quella abituale. Questo spiega perché la vostra pesapersone smette di funzionare correttamente sulla Luna. Sulla Luna la forza gravitazionale che vi attira verso il basso è meno intensa che sulla Terra, essendo la Luna meno massiccia della Terra.

Ecco perché la vostra pesapersone vi paragona a un bassotto di **10 kg.** In realtà, paragona il vostro peso a quello di un **bassotto terrestre** rimasto sulla Terra e non a quello di un **bassotto**

selenita con cui ve ne andreste a spasso sulla Luna.

Questo però non risolve completamente l'enigma. Invero, la Luna è circa **100** volte meno massiccia della Terra. Ci si aspetterebbe quindi che la pesapersone vi dica che pesiate come un corpo di **60 grammi,** cioè **100** volte meno che sulla Terra, e non di **10 kg,** cioè **6** volte meno!

Fu ancora una volta Newton a venire in nostro soccorso. Il geniale britannico scoprì infatti un'altra cosa molto importante: la forza gravitazionale non dipende solo dalla **massa** dei corpi, ma anche dalla **distanza** che li separa. Per dirla in termini romantici:

L'amore gravitazionale diventa più intenso quando i corpi si avvicinano, ma si intiepidisce quando si allontanano.

Ecco allora spiegato anche questo mistero. La Luna non è solo (circa) **100** volte meno massiccia della Terra, ma è anche assai meno voluminosa. Pertanto, la superficie lunare si trova più vicina al centro del pianeta rispetto alla superficie terrestre, e questo spiega perché la forza gravitazionale sulla Luna è solo **6** volte – e non **100** volte – meno intensa di quella terrestre!

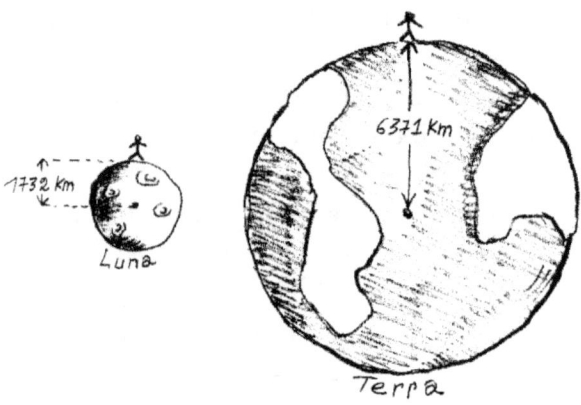

Per la stessa ragione le pesapersone sono solite entrare in confusione anche quando vanno in alta montagna, o su un aereo, poiché si allontanano dal centro del pianeta e la forza gravitazionale diventa meno intensa.

Sull'**Everest** ad esempio, che è la montagna più alta della Terra, la forza gravitazionale è inferiore di circa **3 millesimi** rispetto al livello del mare.

Non so voi, ma io a questo punto mi chiederei: Quanto peso **veramente?** Ossia:

Quanto vale in **newton** *la forza che tira il mio corpo verso il centro del pianeta?*

Oltre a questo mi chiederei: Quanto è massiccio il mio corpo? Ossia:

*Qual è **esattamente** in **kg** la massa del mio corpo?*

Ora sappiamo che per quanto riguarda il vostro peso la risposta dipende sia dal valore della vostra massa, sia dal valore della massa del pianeta sul quale soggiornate, oltre che dalla distanza che vi separa dal suo centro.

Ma per non complicare troppo le cose, limitiamoci al nostro caro pianeta azzurro. Se ben ricordate, la vostra pesapersone vi ha già segnalato che al livello del mare pesate **circa come** un corpo di **50 kg.**

Se dico **circa** è perché le pesapersone non sono solitamente bilance di precisione. Ma anche supponendo che la vostra lo sia, il **circa** rimarrebbe!

Questo perché la risposta della vostra bilancia non è affatto **completa**. Per esempio, non vi dice se pesate come un

robot metallico di 50 kg, oppure come un **grosso pennuto di 50 kg!**

Ma se è vero – come scoprirete che è vero se avrete il coraggio di arrivare fino in fondo a questo libro – che **1 kg** di ferro **pesa di più** di **1 kg** di piume, allora concorderete con me, spero, che la risposta della vostra bilancia è davvero incompleta (e in tal senso imprecisa).

Per di più, quando la bilancia vi annuncia che **pesate circa come** un corpo di **50 kg,** nemmeno vi sta dicendo che la **massa** del vostro corpo è di **50 kg,** perché se così fosse la vostra non sarebbe una **pesapersone,** bensì **misuramassapersone!**

In altre parole, se volete sapere qual è **veramente** il **peso** e la **massa** del vostro corpo – *ossia quanti newton pesate e quanti kg di materia contenete* – necessitate di qualche informazione in più.

Che ne dite di chiedere aiuto al Professor Einstein? Cerchiamo di formulare la domanda in modo preciso così che questa volta il grande scienziato non abbia nulla da obiettare:

*"Illustrissimo Professore, sarebbe così cortese da dirci quanto **pesa esattamente** sulla Terra, al livello del mare, un ragazzo (o ragazza) che secondo il dire di una pesapersone di precisione peserebbe come un corpo di **50kg?**"*

*"Inoltre, sarebbe così gentile da dirci qual è **esattamente** la **massa** di quel ragazzo (o ragazza), ossia la quantità di materia che il suo corpo dovrebbe contenere?"*

Hm… lei mi dica di che materia è fatto il corpo di quel ragazzo (o ragazza) e in quale fluido si trova immerso ed io le potrò rispondere!

A quanto pare il Professor Einstein è uno a cui piace mettere i puntini su tutte le **"i"**!

Ma grazie alla sua mania di precisione abbiamo dei nuovi indizi per proseguire nella nostra caccia all'errore.

8. La corona di re Gerone

L'errore a cui stiamo dando la caccia è molto antico. Il primo ad averlo stanato è un fisico molto famoso, nato nella città di **Siracusa,** in **Sicilia,** quasi **2300** anni fa. Si tratta di **Archimede.**

Archimede era molto più di un fisico: era anche un matematico, un ingegnere, un inventore, uno stratega, un filosofo… In altre parole, come Einstein e Newton, era un vero e proprio genio!

Ai tempi di Archimede il re di Siracusa era un certo **Gerone.** La leggenda racconta che re Gerone si fece confezionare una bella **corona**, tutta d'**oro**. Poi però, accortosi che era un po' pallida, gli balenò l'atroce sospetto che non fosse tutto oro quello che luccicava sulla sua nobile chioma.

Così, mandò a chiamare Archimede, suo amico, e gli disse:

"Caro Archimede, ho il sospetto che l'orafo abbia **sottratto** parte dell'**oro** della **corona**, rimpiazzandolo con del volgare **argento**. (Ecco perché la corona gli appariva un po' pallida!) Ti prego (o forse gli avrà detto ti ordino?) di smascherare questo ignobile inganno!"

Dovete sapere che Gerone, che non era uno stupido, aveva già controllato che la corona pesasse esattamente quanto il lingotto d'oro che a suo tempo aveva consegnato all'orafo per confezionarla.

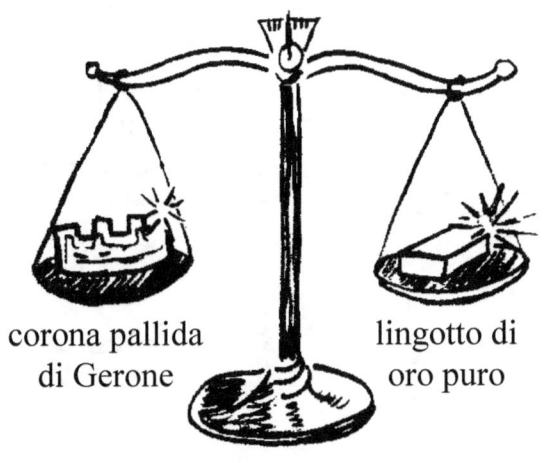

corona pallida
di Gerone

lingotto di
oro puro

Perciò, se l'orafo era un imbroglione, allora era stato molto furbo, essendosi preso la briga di rimpiazzare il nobile metallo giallo con una quantità di argento di pari peso.

Per di più, era stato anche molto prudente, poiché aveva sottratto (se davvero lo aveva fatto!) solo una piccola quantità di oro della corona. Infatti, come forse saprete: **l'oro è quasi 2 volte più denso dell'argento.**

Questo significa che se mettete **1 lingotto d'oro** su un piatto della bilancia, per equilibrarla dovrete mettere quasi **2 lingotti d'argento** di pari volume sull'altro piatto. E se riuscite a fare questo esperimento significa che siete molto ricchi!

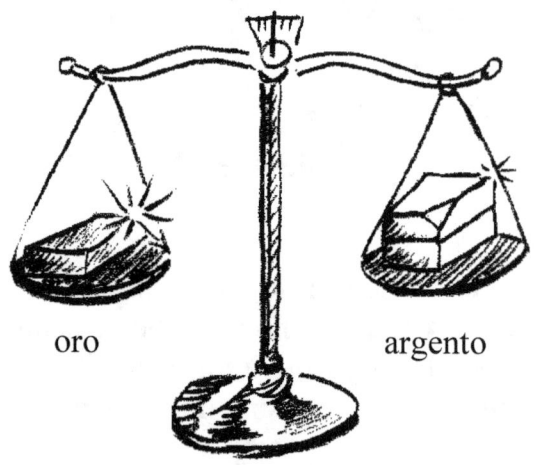

oro   argento

Quindi, per non alterare il peso della corona, l'orafo ha dovuto rimpiazzare l'oro con un **volume** quasi doppio di argento, e se fosse stato troppo avido la corona sarebbe risultata non solo troppo pallida ma altresì troppo voluminosa. E in tal caso Gerone se ne sarebbe sicuramente accorto!

Un modo semplice di svelare il possibile misfatto era quello di rifondere la corona in un unico lingotto rettangolare, così da calcolarne facilmente il volume. Ma questo Archimede non lo poteva fare dato che il regale copricapo, per quanto un po' pallido, piaceva molto a Gerone.

Insomma, l'orafo (se davvero era colpevole) aveva congeniato proprio bene il suo inganno ai danni del re. Ma non aveva fatto i conti con il genio di Archimede!

La leggenda racconta che di ritorno a casa Archimede andò a farsi un bel bagno, per meglio riflettere all'enigma postogli dal sovrano. Quando però s'immerse nella vasca...

... l'acqua debordando fuoriuscì e Archimede si ritrovò gambe all'aria! Ma in virtù di questo strano ed involontario esperimento, scoprì che quando entrava nella vasca:

(1) Spostava una quantità d'acqua pari al **volume** del suo corpo **immerso,** e se la vasca era troppo piena l'acqua fuoriusciva!

(2) Una strana **forza spingeva** le sue gambe **verso l'alto** facendole sembrare più leggere, e se non stava attento si ritrovava a testa in giù, rischiando di annegare!

Essendo Archimede un genio, da queste **2** sole osservazioni aveva capito come smascherare l'orafo, senza dover rifondere la corona. Invero, quello che il geniale scienziato siciliano aveva scoperto è che:

1 kg d'oro pesa di più di 1 kg d'argento!

A proposito, sempre secondo la leggenda, si racconta che tale fu l'emozione per la sua scoperta che il siracusano saltò fuori dalla vasca da bagno e – come mamma l'aveva fatto! – si mise a correre per le strade intonando il suo celebre grido di vittoria...

... grido che tradotto dal greco significa **"ho trovato"**, cioè **"ho trovato la soluzione al difficile ingannello postomi da re Gerone!"**

*E voi? Avete trovato quello che Archimede aveva **eurekato?** O qualche spiegazioncina in più vi farebbe comodo?*

D'accordo! Mi auguro però che almeno una cosa l'abbiate capita. E cioè che quando avrete compreso quello che Archimede aveva eurekato, avrete altresì compreso per quale ragione mio padre non aveva capito granché quando mi assicurava che 1 kg di piume pesa come 1 kg di ferro!

9. Il principio di Archimede

Che cosa aveva dunque **eurekato** Archimede, tanto da permettergli di affermare che **1 kg** di oro e **1 kg** di argento non pesano uguale?

Che quando si entra in una vasca troppo piena l'acqua fuoriesce questo lo sanno tutti, così come tutti sanno che immergendosi nell'acqua ci si sente un po' più leggeri. Che cosa c'è di così straordinario in questo? Ma soprattutto: Che cosa c'entra questo con la corona di re Gerone?

C'entra eccome, perché Archimede aveva appena scoperto un **principio di fisica** molto importante. Forse il primo principio di fisica della storia dell'umanità.

Un principio, come suggerisce il nome, è qualcosa che viene prima, qualcosa d'importanza fondamentale che può essere usato per spiegare tantissime altre cose, proprio come le famose **leggi di natura** scoperte da Newton.

La sola cosa che però un principio non è in grado di fare è spiegare sé stesso. Sarebbe come un serpente che si morde la coda…

Per spiegare un principio ci vuole un altro principio, ancora più fondamentale, e così via.

Ma vediamo cosa racconta esattamente il famoso principio scoperto da Archimede:

PRINCIPIO DI
ARCHIMEDE
~ . ~

UN CORPO IMMERSO
IN UN FLUIDO RICEVE
UNA SPINTA DAL BASSO
VERSO L'ALTO PARI
AL PESO DEL VOLUME
DI FLUIDO SPOSTATO

A.

Lo avete letto attentamente? Vi prego di notare che Archimede non ha scritto **"il mio corpo immerso nell'acqua della vasca…"**, ma ha scritto **"un corpo immerso in un fluido…"**.

Con questo intendeva dire: "un corpo **qualsiasi** immerso in un fluido **qualsiasi!**"

In altre parole, il principio di Archimede, come tutti i princîpi degni di questo nome, è un'affermazione **generale** che si applica a tantissime cose immerse in tantissime altre cose.

Vi suggerisco d'impararlo a memoria, per almeno **3** buone ragioni:

(1) La **memoria** si comporta come un **muscolo**, più la usiamo e più si rinforza. (E in ogni caso il principio è molto breve!)

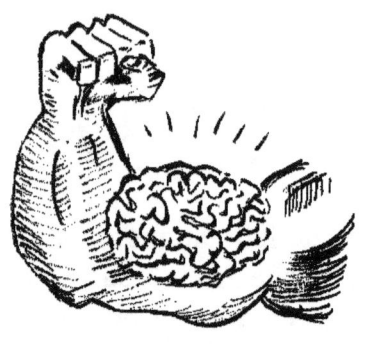

(2) Quando stupirete i vostri genitori, i vostri insegnanti, il vostro fidanzato o fidanzata, affermando che **1 kg** di piume (o di polistirolo) pesa meno di **1 kg** di ferro, e loro vi chiederanno spiegazioni (sempre che non concludano subito che siete matti!), sarete costretti a citare il principio di Archimede, e se l'avrete dimenticato farete una gran brutta figura. (Confermando il loro sospetto che siete da manicomio!)

(3) Una volta memorizzato il principio vi diventerà più familiare, e sarà più facile comprenderne il contenuto.

10. Corpi immersi in fluidi

Per capire fino in fondo il principio di Archimede dobbiamo sistemare qualche altro puntino sulle "i" e assicurarci di afferrare il significano di tutte le parole impiegate da Archimede per enunciarlo.

In particolare, dobbiamo schiarirci le idee su cosa siano i **corpi** e i **fluidi.** Non preoccupatevi, è molto semplice.

Le cose che si immergono in altre cose sono dette *corpi,* **mentre le cose nelle quali i corpi si immergono sono dette** *fluidi.*

Facciamo alcuni esempi di cose nelle quali siete abituati a immergervi.

Di tanto in tanto, me lo auguro, vi immergete nell'**acqua** della vasca da bagno. (Attenzione a non finire gambe all'aria, come Archimede!)

La mattina, a colazione, sicuramente immergete le vostre labbra in un bel bicchiere di **latte fresco**, o di **succo di arancia.**

Di tanto in tanto, forse, i vostri genitori vi permetteranno di immergere il vostro dito in un bicchiere di **vino.**

Fra le tante cose nelle quali potete immergere un corpo vi sono dunque i **liquidi.** Ma i liquidi non sono le sole cose nelle quali è possibile immergere un corpo.

I corpi si possono immergere anche nei gas!

Tutti noi terrestri, a differenza dei seleniti, siamo costantemente immersi in un gas: l'**aria!**

guscio gassoso composto
principalmente da azoto (78%)
ossigeno (21%) e argon (1%)

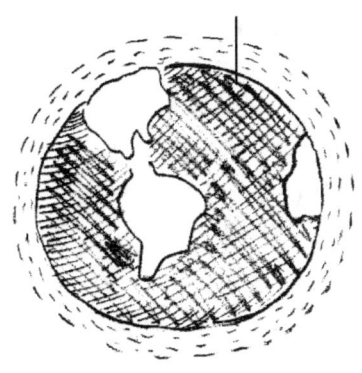

L'aria è un gas **inodore** e **incolore,**
per questo quasi non ci accorgiamo
della sua esistenza. (Salvo quando
siamo sott'acqua e ci manca il respiro!)
In realtà, l'aria è qualcosa di più di un
gas: è un **miscuglio** di numerosi gas.
Solo **3** però – l'**azoto,** l'**ossigeno** e
l'**argon** – contribuiscono al **99,9%** del
suo **volume,** cioè dello spazio che
occupa.
Provate ora a rispondere al seguente
ingannello:

*Se riempite per metà un bicchiere d'acqua, il bicchiere è **mezzo pieno** o **mezzo vuoto?***

C'è chi dice che se rispondete **mezzo pieno** siete delle persone **ottimiste,** mentre se rispondete **mezzo vuoto** siete dei **pessimisti.**

Noi fisici non siamo né ottimisti né pessimisti, bensì **realisti**, poiché conosciamo l'unica risposta valida:

aria

acqua

Il bicchiere è mezzo pieno d'acqua e mezzo pieno d'aria!

Oppure, per dirla in un altro modo, sappiamo che il bicchiere è immerso contemporaneamente in **2 fluidi** distinti: l'**aria** e l'**acqua**.

La stessa cosa accade a voi quando vi immergete nella vasca da bagno: una parte del vostro corpo è immersa nell'acqua, mentre l'altra – contrariamente a quanto credono gli ottimisti, i pessimisti e i seleniti – non lievita nel vuoto siderale, ma è immersa nell'aria!

parte superiore del corpo immersa nell'aria

parte inferiore del corpo immersa nell'acqua

pezzo di dito immerso nel vino

pezzo di labbro superiore immerso nel latte

Per di più, se osservate le cose attentamente, scoprirete che c'è anche dell'aria immersa nell'acqua: quella ad esempio contenuta nei vostri polmoni!

I fluidi possono infatti immergersi in altri fluidi dato che:

Tutti i fluidi sono anche dei corpi, mentre non tutti i corpi sono anche dei fluidi!

11. Gedankenexperimente

Se siete arrivati fin qui nella lettura meritate i miei complimenti. Siete dei promettenti cacciatori di errori! Ormai non ci resta più da fare che un paio di cosette:

(1) Capire come è riuscito Archimede a scoprire il suo principio.

(2) Usare il principio di Archimede per risolvere gli ingannelli di mio padre e di re Gerone.

Cominciamo dal primo punto. Dovete sapere che in seguito alla sua fortunata disavventura nella vasca da bagno, ciò che permise ad Archimede di gridare il suo celebre **"Eureka!"** fu un **gedankenexperimente!**

Ma che bestia sarebbe un **gedankenexperimente?**

La parola è tedesca e significa, letteralmente, **esperimento di pensiero.** Noi fisici facciamo spesso questo tipo di esperimenti, soprattutto quando i mezzi tecnologici per realizzare concretamente un esperimento non sono facilmente disponibili, o addirittura non sono ancora stati inventati.

Così, usiamo la nostra **immaginazione** e **simuliamo** l'esperimento nella nostra **mente,** usando la logica per cercare di capire cosa accadrebbe se fosse realizzato per davvero.

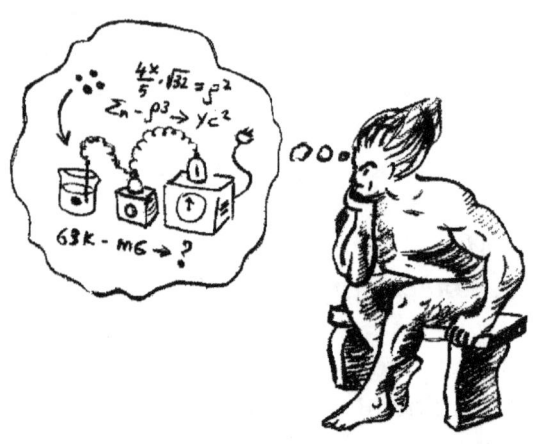

Il gedankenexperimente di Archimede fu probabilmente il seguente (dico probabilmente perché, che io sappia, nessuno si è ancora recato nel passato a leggergli la mente).

Immaginò un bel lago pieno di acqua limpida, perfettamente a **riposo** (i pesci in quel momento stavano dormendo). Poi, sempre con la forza della sua immaginazione, tratteggiò sottacqua un **volume** a forma di **cubo** (ma una qualsiasi altra forma sarebbe andata altrettanto bene).

cubo di acqua a riposo

Fatto questo si domandò:

"Come può quel cubo d'acqua, immerso in altra acqua, starsene lì, perfettamente immobile?"

Archimede sapeva che il cubo d'acqua aveva un suo peso, perciò si chiedeva:

"Come mai, a causa del suo peso, il cubo non sprofonda, ma se ne sta lì immobile a lievitare pacatamente a mezz'acqua?"

Per rispondere a queste domande Archimede non aveva altri strumenti che la sua logica. La prima parte del suo ragionamento fu probabilmente la seguente:

1. I corpi **immobili** sono in **equilibrio**.
2. Il **cubo d'acqua** è **immobile**.
3. *Conclusione*: Il **cubo d'acqua** è in **equilibrio**.

Qualora ve lo foste già scordati, vi ricordo che un corpo è in **equilibrio** se la somma delle forze che spingono o tirano su di esso è uguale a **zero** (**puff!**)

Il genio di Siracusa scoprì così che oltre alla gravitazione, che spingeva il cubo d'acqua verso il basso, doveva esistere un'altra misteriosa forza che agiva sul cubo, opposta a quella gravitazionale, e tale che la loro somma fosse **zero**, cosicché il cubo poteva rimanersene immobile in uno stato di pacato equilibrio!

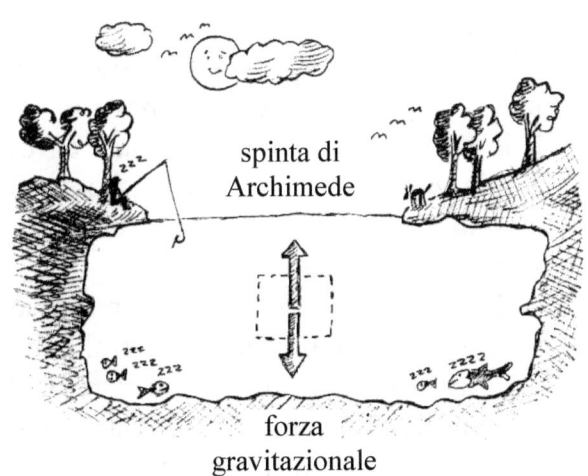

spinta di
Archimede

forza
gravitazionale

Questa misteriosa forza (esercitata dal resto dell'acqua del lago sul cubo immerso) è la famosa **spinta di Archimede**, detta anche **spinta idrostatica.** (Il perché un corpo immerso in un fluido subisca questa forza è però un'altra storia, che non vi posso raccontare in questo libro. Per mancanza di spazio non di voglia! È una storia che ha a che fare con il concetto di **pressione**).

Ma Archimede non si fermò lì nel suo esperimento di pensiero. Usando la sua fervida immaginazione, costruì un cubo di **legno** dello **stesso volume** di quello d'acqua. Poi, immaginò di disintegrare il cubo d'acqua e di rimpiazzarlo istantaneamente con il cubo di legno. Infine, tra sé e sé, fece il seguente ragionamento:

"Il resto dell'acqua del lago non può certo sapere che ho rimpiazzato il cubo d'acqua con quello di legno. Perciò, il cubo di legno subirà la stessa spinta verso l'alto che prima subiva il cubo d'acqua, ossia **una spinta pari al peso del volume di acqua spostato.**"

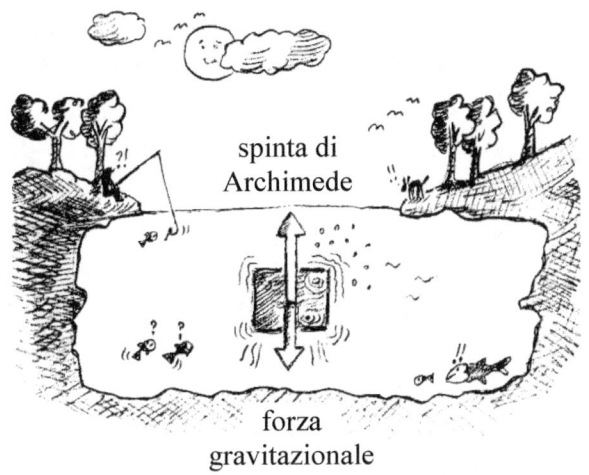

spinta di
Archimede

forza
gravitazionale

Quest'ultimo pensiero di Archimede, spero ve ne siate accorti, è nientemeno che il suo famoso principio!

Beninteso, lo stesso ragionamento rimane valido se al posto di un cubo di legno usiamo un cubo di un'altra sostanza, come ad esempio oro, argento, ferro, piume o polistirolo.

Inoltre, lo stesso gedanken-experimente può essere realizzato con volumi di forma qualsiasi, non solo cubica, e al posto dell'acqua si possono usare altri liquidi, o addirittura dei gas.

Ma diamo un'ulteriore occhiata al cubo di legno immaginato da Archimede. Contrariamente a quello d'acqua di cui ha preso il posto, il cubo di legno non è più a riposo, cioè in uno stato di equilibrio. Infatti, a parità di volume un cubo di legno è meno massiccio di un cubo d'acqua, essendo il legno (solitamente) meno denso dell'acqua.

In questo caso, la somma della forza gravitazionale e della spinta di Archimede non è più zero: la freccia-forza della spinta di Archimede batte la freccia-forza gravitazionale e il cubo comincia ad accelerare verso l'alto, fino a raggiungere la superficie del lago.

Parte del cubo emerge allora dall'acqua e così il volume della parte immersa diminuisce, riducendo la spinta di Archimede. In questo modo, le due forze raggiungono nuovamente la stessa intensità e il cubo di legno può galleggiare tranquillamente, in perfetto **equilibrio**.

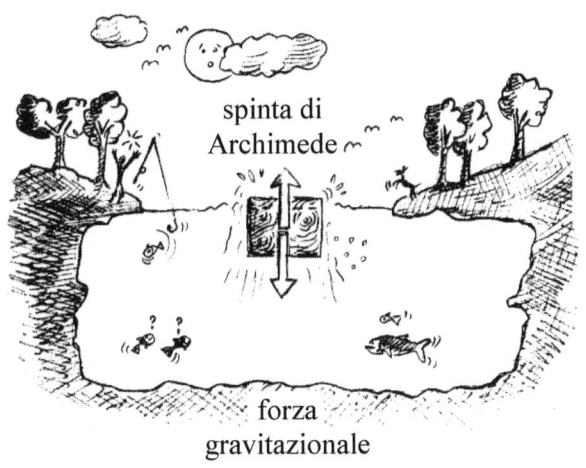

spinta di
Archimede

forza
gravitazionale

Naturalmente, se invece di un cubo di legno avessimo usato un **cubo di ferro**, o di un qualsiasi altro materiale più denso dell'acqua, sarebbe stata la forza gravitazionale ad avere la meglio sulla spinta di Archimede, e il cubo sarebbe sprofondato fino a raggiungere il fondo del lago. (Assieme all'orco!)

12. La soluzione

A questo punto i più svegli tra voi avranno (forse) già capito come risolvere l'ingannello di re Gerone (e allo stesso tempo quello di mio padre).

Archimede sapeva che l'argento è quasi **2 volte meno denso** dell'oro, e ciò significa che **1 kg** di argento è quasi **2 volte più voluminoso** di **1 kg** di oro.

Oltre a questo, Archimede aveva appena scoperto il suo famoso principio. Sapeva quindi che:

Più un corpo è voluminoso e maggiore è la spinta che riceve verso l'alto da parte del fluido in cui è immerso.

In altre parole, se prendete **1 kg** di oro e **1 kg** di argento, e li pesate sott'acqua, scoprirete facilmente che: **l'oro pesa di più dell'argento!**

Questo perché la **freccia-peso** che spinge verso il basso i piatti della bilancia è data dalla somma di **2** forze, tra loro in competizione: quella **gravitazionale,** che spinge verso il basso, e quella **di Archimede,** che spinge verso l'alto.

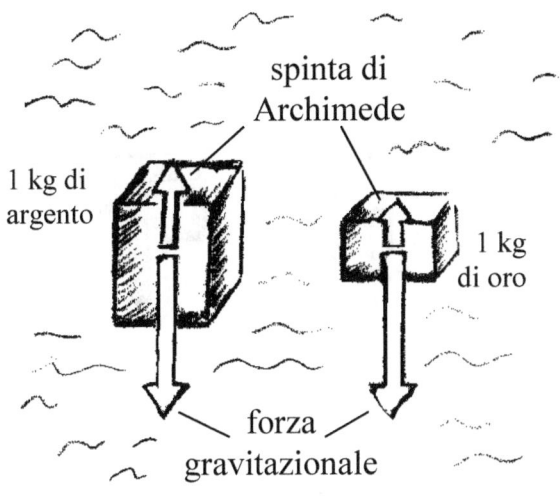

spinta di Archimede

1 kg di argento

1 kg di oro

forza gravitazionale

Nel caso dell'argento la spinta di Archimede è quasi doppia rispetto all'oro, poiché a parità di massa l'argento sposta un volume d'acqua quasi doppio rispetto all'oro.

Questo spiega perché pur avendo la stessa massa (e dunque la stessa forza gravitazionale) la forza-peso che spinge l'oro verso il basso è superiore a quella dell'argento!

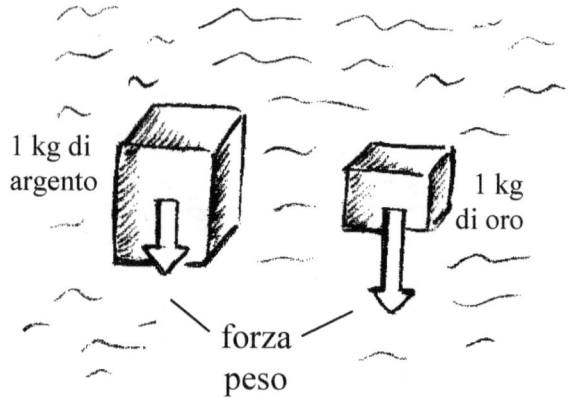

1 kg di argento

1 kg di oro

forza
peso

Ora finalmente sapete come Archimede risolse l'ingannello postogli da re Gerone, senza dover rifondere la sua corona. Lo scienziato paragonò ancora una volta il peso della corona con il peso di un lingotto d'oro identico a quello usato dall'orafo per fabbricarla, ma questa volta immergendo i piatti della bilancia sottacqua.

Se sottacqua il peso del lingotto fosse risultato superiore al peso della corona, ciò avrebbe significato che la corona era più voluminosa del lingotto, cosa possibile unicamente se l'orafo aveva rimpiazzato parte dell'oro con un metallo di minore densità.

Se invece anche sottacqua il peso del lingotto e della corona fosse risultato il medesimo, l'orafo era sicuramente innocente e Gerone avrebbe fatto meglio a cercarsi un buon strizzacervelli, per curarsi le sue manie di persecuzione.

Non ricordo quale sorte toccò all'orafo, ma mi auguro che questi dettagli un po' macabri a voi non interessino. Ciò che conta è che grazie all'aiuto di Archimede siamo riusciti a risolvere il difficile ingannello.

Ora sappiamo per quale ragione **1 kg d'oro pesa di più di 1 kg d'argento**.

Ma non solo! Usando lo stesso tipo di ragionamento sappiamo anche che **1 kg di ferro pesa di più di 1 kg di polistirolo (o di piume).**

In realtà, ora sappiamo molto di più:

Se A e B sono due corpi di massa eguale, e se il corpo A è più denso del corpo B, allora sul pianeta Terra A pesa di più di B.

Mi sembra già di udire le vostre obiezioni. (Ehi, nel coro c'è anche la voce di mio padre!)

"Non vale! Quello che lei dice è vero unicamente sottacqua. Noi non siamo sirene o tritoni, non abitiamo sottacqua! Siamo **Homo sapiens sapiens**, mammiferi intelligenti che vivono sulla superficie. Quindi la sua risposta non è valida per noi!"

Invece sì! Mi spiace deludervi ma la risposta è perfettamente valida anche per gli abitanti della superficie. Perché anche noi Homo sapiens sapiens, come gli ipotetici abitanti di **Atlantide**, siamo **immersi** in un fluido: l'**aria!**

L'aria non è il **vuoto,** come credono alcuni bambini e, ahimè, anche certi adulti. **L'aria pesa** e quindi anche i corpi di superficie subiscono la spinta di Archimede!

Certamente, la spinta di Archimede nell'aria non è intensa come nell'acqua, essendo l'aria circa **830 volte** meno densa dell'acqua. Ma è pur sempre sufficiente a decretare che **1 kg di polistirolo (o di piume) pesa notevolmente meno di 1 kg di ferro.**

Se fate un calcolo (simile a quello che faremo al **capitolo 14**) o una pesata con una buona bilancia di precisione, non vi sarà difficile verificare che:

A parità di massa, nell'aria il polistirolo pesa circa il 15% in meno del ferro!

Una differenza notevole, non credete?

Molto bene. A quanto pare siamo arrivati al termine della nostra caccia all'errore. Abbiamo però un paio di domandine ancora in sospeso:

*(1) Quanto **pesa** un ragazzo (o ragazza) che secondo il parere di una pesapersone di precisione (al livello del mare) **peserebbe come** un corpo di 50kg?*

*(2) Qual è la **massa** di un ragazzo (o ragazza) che secondo il parere di una pesapersone di precisione (al livello del mare) **peserebbe come** un oggetto di 50kg?*

Come anticipatoci da Einstein, per rispondere a questi due quesiti – e più particolarmente al secondo – dobbiamo sapere di quale materiale è fatto il corpo del ragazzo (o ragazza) e se si trova ad esempio sulla terraferma, cioè immerso nell'aria, oppure sottacqua, così da tenere debitamente conto della spinta di Archimede. Già, ma:

Come si fa questo calcolo?

Pazienza, ve lo spiegherò al **capitolo 14**. Ma prima, visto che oramai sapete tutto (o quasi) su pesi, forze, masse, volumi, densità e quant'altro, voglio proprio vedere come ve la cavate con alcuni stuzzichevoli ingannelli!

13. Stuzzichevoli ingannelli

Ingannello 1. Procuratevi un iceberg fatto in casa (un cubetto di ghiaccio) e immergetelo in un oceano in miniatura (un bicchiere d'acqua). Quando l'iceberg si è sciolto, è aumentato o diminuito il livello dell'acqua?

Ingannello 2. Cosa impedisce alle montagne di sprofondare?

Ingannello 3. Come può un'enorme e pesantissima nave di metallo, a pieno carico, galleggiare nell'acqua senza sprofondare?

Ingannello 4. Se è vero che la densità del corpo umano è di circa il **3%** superiore a quella dell'acqua, come possono gli Homo sapiens sapiens galleggiare? Inoltre, perché si galleggia meglio nell'acqua di mare che in quella di lago, o di piscina?

Ingannello 5. È vero che i pesci conoscono il principio di Archimede?

Ingannello 6. Come fanno ad immergersi i sottomarini?

Ingannello 7. Come riescono a volare le mongolfiere? Perché non continuano a salire all'infinito?

Ingannello 8. Può un uomo farsi inghiottire dalle sabbie mobili?

Ingannello 9. Se un nemico crudele vi seppellisce nella sabbia, cosa potrebbe salvarvi (a parte Superman)?

Ingannello 10. Oltre agli automobilisti, a chi potrebbe servire un airbag?

Soluzioni

Soluzione 1. Se non state attenti vi
farete facilmente ingannare da questo
ingannello, solo all'apparenza
innocente. Infatti, effettuando
l'esperimento vi accorgerete che...

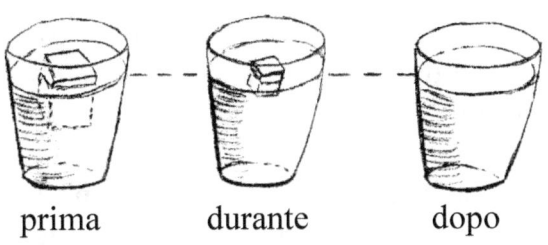

prima   durante   dopo

... il livello dell'acqua non cambia
quando il ghiacciolo si scioglie. La
spiegazione è semplice: quando
l'acqua ghiaccia il suo **volume**
aumenta del **10%** circa (mentre la
massa beninteso non varia). In altre
parole, il ghiaccio è meno denso
dell'acqua e questo spiega perché i

ghiaccioli e gli iceberg sono in grado di galleggiare.

Inoltre, secondo il principio di Archimede, il volume di acqua spostato dal ghiacciolo pesa esattamente quanto l'intero ghiacciolo. Perciò, quando il ghiacciolo si scioglie, trasformandosi in acqua, occupa esattamente il volume immerso, lasciando il livello d'acqua invariato.

A proposito, ora sapete anche che in caso di riscaldamento del nostro pianeta non sarà certo lo scioglimento della banchisa artica (che è una sorta d'immenso iceberg) che causerà l'aumento del livello del mare!

Soluzione 2. Come per gli iceberg di cui vediamo solo la punta, anche le montagne sono solo la parte emersa di un corpo ben più voluminoso: le montagne possiedono immense radici che s'immergono nel mantello terrestre. Come mai allora non sprofondano? Semplice: perché il **mantello terrestre** è più denso della

radice delle montagne (quasi il **18%** più denso!) cosicché, secondo il principio di Archimede, le montagne galleggiano sul denso mantello terrestre, proprio come gli iceberg galleggiano sull'acqua!

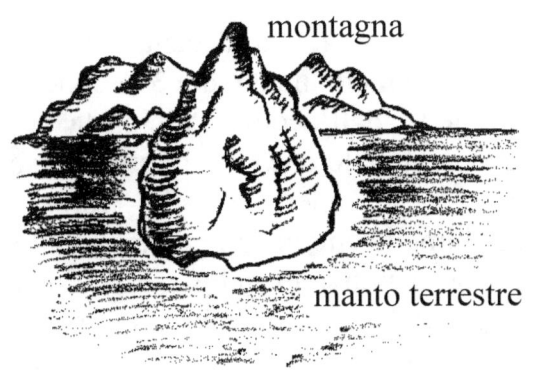

montagna

manto terrestre

Soluzione 3. La nave non è solo molto pesante ma anche molto voluminosa. Sebbene il suo peso a pieno carico sia enorme, altrettanto enorme è il suo volume. E poiché la densità della nave non è mai superiore a quella dell'acqua, grazie alla spinta di Archimede è perfettamente in grado di galleggiare, cioè di non sprofondare.

D'altra parte, se a causa della collisione con un iceberg dell'acqua penetrasse nello scafo, la nave si trasformerebbe in un blocco di ferro e acqua, più denso della sola acqua. E allora sì che affonderebbe, come capitò al famoso **Titanic**, nel **1912**.

Soluzione 4. La densità del corpo umano è mediamente del **3%** superiore a quella dell'acqua. Perciò, la forza gravitazionale che tira il corpo verso il basso è superiore alla forza di Archimede che lo spinge verso l'alto, e il corpo non può galleggiare. Eppure, basta andare in una piscina o al mare per vedere uomini, donne e bambini galleggiare senza sforzo. Com'è possibile?

Il mistero è presto svelato. Mai sentito parlare dei **polmoni?** Quando respiriamo gonfiamo i nostri polmoni d'aria e il volume del nostro corpo aumenta notevolmente.

polmoni
pieni

polmoni
vuoti

Ma essendo l'aria poco densa, anche se il volume cresce di parecchio, la massa aumenta di poco. In altre parole, riempiendo i nostri polmoni d'aria abbassiamo sensibilmente la nostra densità corporea e la forza di Archimede può nuovamente vincere sulla forza gravitazionale, permettendoci così di galleggiare.

Perché si galleggia meglio in mare che in piscina?

Essendo l'acqua del mare **salata**, è molto più densa dell'acqua **dolce** della piscina. (Dolce nel senso di **non salata** e non perché qualcuno ha aggiunto dello zucchero!) Perciò, nel mare il peso del volume di acqua spostato dal vostro corpo è superiore che in una piscina e godete di una maggiore spinta di Archimede.

Nel salatissimo mar Morto, la cui densità raggiunge quasi **una volta e mezzo** quella dell'acqua dolce, è addirittura possibile sedersi in acqua leggendo comodamente il giornale!

Soluzione 5. La risposta è sì e no allo stesso tempo. No nel senso che le ridotte capacità intellettuali di un pesce certamente non gli permettono di comprendere un principio di fisica (fino a prova del contrario!)

Sì nel senso che pur non comprendendo il principio a livello teorico, i pesci lo mettono in pratica ogni volta che desiderano modificare il loro assetto verticale.

Infatti, possiedono una speciale **vescica natatoria**, piena d'aria, che sono in grado di comprimere o dilatare tramite l'azione dei loro muscoli. In questo modo possono **variare il loro volume** corporeo e usare la spinta di Archimede per alzarsi, abbassarsi o galleggiare serenamente a mezz'acqua.

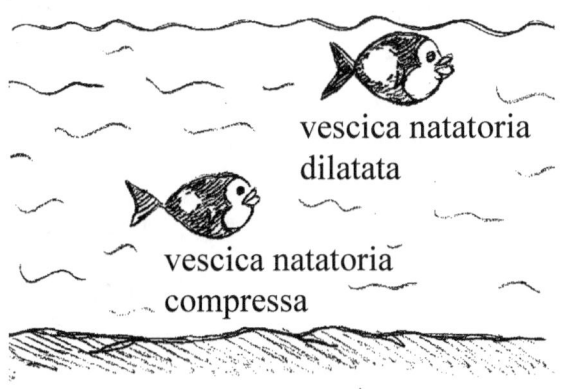

vescica natatoria dilatata

vescica natatoria compressa

Soluzione 6. I sottomarini, a differenza dei pesci, non possiedono una vescica natatoria. Come fanno allora ad immergersi o a riemergere?

Contrariamente ai pesci che variano il loro volume ma non la massa, i sottomarini **variano la loro massa** ma non il volume. In altre parole, i sottomarini non controllano la spinta di Archimede, come fanno i pesci, ma controllano la forza gravitazionale.

Come ci riescono? Semplice: allagando alcuni scomparti interni quando devono immergersi ed espellendo l'acqua da questi stessi scomparti quando invece devono riemergere.

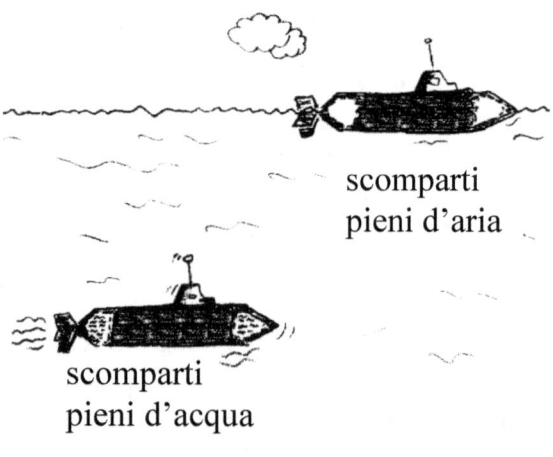

scomparti
pieni d'aria

scomparti
pieni d'acqua

Soluzione 7. Tenendo presente che il principio di Archimede non si applica unicamente ai liquidi, ma anche ai gas, non vi sarà difficile risolvere questo ingannello. Attenti però: il pallone di una mongolfiera, oltre ad essere immerso nell'aria, è anche riempito d'aria! In altre parole, una mongolfiera è simile a una nave inabissatasi in fondo al mare, con la stiva invasa dall'acqua. Come può allora galleggiare nell'aria, cioè volare?

L'ingannello è presto risolto: l'aria contenuta nel pallone delle mongolfiere è **calda**, e questo fa tutta la differenza. Infatti, quando l'aria viene scaldata si **espande,** ed espandendosi diventa meno densa dell'aria fredda. In questo modo le mongolfiere possono sfruttare il principio di Archimede e volare, proprio come fanno i palloncini gonfiati con l'**elio**, che è un gas meno denso dell'aria. Ma ecco un'altra stuzzichevole domanda:

Perché le mongolfiere e i palloncini non continuano a salire all'infinito?

Per le mongolfiere una possibile risposta è che prima o poi l'aria calda si raffredda, cosicché la mongolfiera diventa più densa e la spinta di Archimede non riesce più a battere l'attrazione gravitazionale.

Ma come la mettiamo coi palloncini riempiti di elio? L'elio, anche se freddo, rimane sempre più leggero dell'aria. Perché allora i palloncini non salgono all'infinito?

Se non lo fanno è perché più salgono e più l'atmosfera diventa **rarefatta**, cioè meno densa, e di conseguenza diminuisce il peso del fluido spostato. In altre parole, nella misura in cui il palloncino sale, la spinta ascensionale di Archimede diminuisce, fino a quando non raggiunge un'altitudine di equilibrio.

Soluzione 8. Se avete visto troppi film hollywoodiani è facile "affondare" in questo insidioso ingannello. Nei film siamo abituati a vedere che chi resta intrappolato nelle sabbie mobili –

solitamente i cattivi! – affonda piano piano, fino a farsi completamente inghiottire. Ma come la mettiamo col principio di Archimede?

Le sabbie mobili sono composte da un miscuglio di sabbia, terra e acqua, e la loro densità è praticamente doppia rispetto a quella dell'acqua. Perciò, chi entra nelle sabbie mobili subisce una spinta di Archimede due volte più intensa che nell'acqua dolce. Questo significa che, contrariamente a quanto si è soliti credere, nelle sabbie mobili un corpo umano non può affondare per più della metà del suo volume!

Che ne è allora del detto che nelle sabbie mobili è meglio rimanere calmi e non muoversi troppo bruscamente?

Il detto ha un fondo di verità poiché le sabbie mobili sono un miscuglio un po' instabile: se vi dibattete con troppa foga c'è il rischio che sabbia e terra si separino dall'acqua, trasformandosi in una sorta di cemento che si incolla ai vostri piedi. E allora sì che sono guai!

Soluzione 9. A differenza dell'ingannello precedente, ora siete (disgraziatamente) immersi nella sabbia secca, e non più nella sabbia bagnata. Le sabbie mobili sono dette mobili perché contengono molta acqua e perciò si comportano come un liquido, sebbene molto denso.

Ma la sabbia secca non è un liquido in cui è possibile immergersi. Infatti, per seppellirvi il vostro nemico ha dovuto scavare un bel buco! Ma riflettete:

Cosa può trasformare in pochi istanti della sabbia secca e immobile in sabbia mobile?

Semplice: un violentissimo terremoto! Grazie alle scosse del terremoto, i granelli di sabbia verranno sospinti in tutte le direzioni e la sabbia, per quanto secca, diventerà temporaneamente mobile.

In altre parole, le scosse del terremoto potranno trasformare la sabbia in un vero e proprio fluido. E chi dice fluido dice spinta di Archimede! Così, se il terremoto è abbastanza intenso e prolungato, l'agitazione dei granelli potrà consentire alla spinta di Archimede di riportarvi sani e salvi in superficie. (Si tratta però di un gedankenexperimente:

che io sappia nessuno ha mai effettuato un tale esperimento!)

Ingannello 10. Come tutti (o quasi tutti) sanno gli **airbag** sono palloni speciali che equipaggiano le moderne autovetture, capaci di gonfiarsi a grande velocità per proteggere i passeggeri in caso di incidente. Oltre agli airbag per automobili di recente hanno inventato anche gli airbag per motociclisti, inseriti in uno speciale giubbotto che in caso di caduta si gonfia, proteggendo le parti vitali del corpo del pilota.

Ma non è tutto. Anche per gli sciatori alpinisti hanno inventato uno specialissimo **zaino airbag**. La cosa può sembrare strana dal momento che la neve, soprattutto quella fresca, è morbida come un cuscino. A cosa servirebbe dunque uno zaino airbag? Non a proteggere lo sciatore in caso di caduta ma… a farlo galleggiare sulla neve in caso di **valanga!**

Infatti, in una valanga i cristalli di neve vengono sospinti in tutte le direzioni e si comportano come un fluido, proprio come per i granelli di sabbia del precedente ingannello. Ma la neve in movimento è un fluido molto leggero, nel quale il corpo troppo denso di uno sciatore non è in grado di galleggiare. Ecco perché di solito nelle valanghe si affonda e si rimane seppelliti.

Se però avete con voi uno zaino airbag, le cose possono andare diversamente. In caso di pericolo lo zaino viene attivato dallo sciatore (con una specie di maniglia simile a quella dei paracaduti) e un grande pallone fuoriesce, gonfiandosi in pochi istanti. Grazie al pallone lo sciatore aumenta il proprio volume, ma non la massa, e può così sfruttare la maggiore spinta di Archimede per rimanere a galla sulla valanga, evitando di farsi seppellire.

14. Calcolo da scienziati esperti

Siete pronti? È arrivato il momento di affrontare un **calcolo** da veri scienziati esperti. Come diceva un illustrissimo collega di nome **Galileo Galilei**, nato in quel di **Pisa** nel **1564**:

Il linguaggio della natura è scritto in caratteri matematici.

Per questo noi fisici abbiamo la mania delle **formule**: sappiamo che è grazie ad esse che possiamo dialogare efficacemente con la natura.

Alcune formule, lo ammetto, sono assai complicate e richiedono un lungo allenamento prima di poter essere capite. Altre invece, fortunatamente, sono abbastanza semplici. Come la famosa formula scoperta da Newton, nota con il nome di **legge fondamentale della dinamica**:

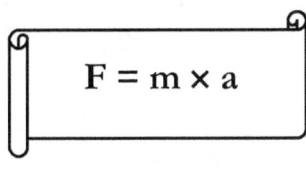

$$F = m \times a$$

Vediamo se riesco a spiegarvela. La formula afferma che la forza totale (**F**) che agisce su un corpo è sempre uguale (=) al prodotto (×) della massa (**m**) di quel corpo per la sua accelerazione (**a**).

Se non sapete cos'è **l'accelerazione** ve lo chiarisco subito. Pensate a un'automobile e ditemi: che cosa accade quando schiacciate sull'**acceleratore?**

Semplice: la **velocità** del veicolo aumenta. Più accelerate e più la velocità del veicolo aumenta velocemente. In altre parole: **l'accelerazione è la velocità della velocità!**

Naturalmente, la velocità può anche diminuire, come quando invece di schiacciare sull'acceleratore schiacciate sul pedale del freno, cioè sul **deceleratore**. Ad ogni modo, quello che Newton aveva scoperto è che: **le forze producono accelerazioni.**

E la sua formula ci dice esattamente in che modo questo avviene.

Un tipo particolare di accelerazione è quella prodotta dalla forza gravitazionale, detta per l'appunto **accelerazione gravitazionale,** che al livello del mare vale mediamente **9,81 m/s^2.**

Lo strano geroglifico **"m/s^2"** significa **"metri al secondo quadrato".** Ora vi spiego. La velocità, come forse sapete, misura la distanza percorsa da un corpo in un tempo determinato. Ad esempio, nel caso di un'automobile la velocità corrisponde al numero di **chilometri** che l'auto percorre in un'ora, che si scrive **km/h** e si legge **chilometri all'ora.**

Noi fisici però solitamente preferiamo usare i **metri** anziché i **chilometri**, e i **secondi** al posto delle **ore**. Perciò, spesso misuriamo le velocità in **metri al secondo**, che in notazione abbreviata si scrive **m/s.**

Le accelerazioni invece, essendo le velocità delle velocità, si misurano in **unità di velocità al secondo**, ossia in **metri al secondo al secondo** (cioè

metri al secondo quadrato) che si abbrevia in **m/s²**. Mi auguro che avete capito tutto.

Torniamo al nostro corpo (che siete voi) il quale, secondo la vostra pesapersone di precisione, al livello del mare **pesa come** un corpo di **50 kg.** Usando la formula di Newton è facile tradurre il **chilogrammese** della vostra pesapersone in un buon **newtonese**.

Per farlo non avete che da rimpiazzare **m** nella formula con il valore indicato dalla pesapersone (**50 kg**) e **a** con l'**accelerazione gravitazionale** al livello del mare, che vale circa **9,81 m/s²**. E siccome

$$50 \times 9,81 = 490,5$$

ottenete che la vostra forza-peso vale:

$$F = 490,5 \ \ kg \times m/s^2.$$

Sicuramente vi state chiedendo che diavolo sono i "**kg × m/s²**". Reggetevi forte, perché si tratta nientemeno che dei famosi **newton!** Dire **newton** è infatti solo un modo conciso di dire **chilogrammi per metri al secondo quadrato,** che si scrive per l'appunto **kg × m/s^2.**

In altre parole, avete appena scoperto che al livello del mare il vostro corpo pesa **490,5 newton.**

Ottimo! Ma non avete ancora finito. Se ben ricordate oltre al valore del vostro **peso**, correttamente espresso in **newton**, volevate conoscere anche il valore della vostra **massa** corporea, espressa in **kg.**

Per determinare qual è esattamente il valore della vostra **massa** dovete ricorrere al principio di Archimede, poiché ormai sapete che il **peso** misurato dalla vostra pesapersone risulta dal "combattimento" tra la **forza gravitazionale** (che vi attira amorevolmente verso il centro della Terra) e la **spinta di Archimede** (che vi sospinge piacevolmente verso l'alto).

Questo significa che per stabilire qual è la vostra vera **massa corporea** (chiamiamola m_C), ai **50 kg** indicati dalla pesapersone dovete **aggiungere** la massa sottrattovi (per così dire) dalla spinta di Archimede, vale a dire la **massa del volume d'aria spostato dal vostro corpo** (che chiameremo m_A). In altre parole, dovete risolvere l'equazione:

$$m_C = 50 \text{ kg} + m_A.$$

Per scoprire quanto vale m_A, dovete per prima cosa determinare il vostro **volume corporeo** (che chiameremo semplicemente V).

Ovviamente, non tutti i ragazzi o ragazze hanno lo stesso volume, a parità di massa. Dipende dalla loro **densità.** Se siete dei tipi (o delle tipe) tutto muscoli, allora siete molto densi e poco voluminosi. Se invece siete tendenti al grassottello, siete meno densi e più voluminosi.

Beh, vediamo di fare una media e supponiamo che la vostra densità corporea (chiamiamola **d**) sia di circa **1030 kg al metro cubo**, ossia in notazione abbreviata:

$$d = 1030 \text{ kg/m}^3.$$

Per ottenere il vostro volume in metri cubi dovete dividere la vostra massa per la vostra densità:

$$V = m_C / (1030 \text{ kg/m}^3).$$

Per calcolare invece la massa d'aria spostata dal vostro corpo dovete moltiplicare il vostro volume **V** per la densità dell'aria, che in condizioni atmosferiche normali vale grosso modo **1,2 kg/m^3**. E siccome (circa):

$$1,2/1030 = 0,0012$$

arrivate all'espressione:

$$m_A = m_C \times 0,0012.$$

Inserendo questa espressione nell'equazione per m_C, si arriva al seguente risultato:

$$m_C = 50 \text{ kg} + m_C \times 0{,}0012.$$

Ora attenzione, perché la vostra massa m_C, che è l'incognita da determinare, appare sia a sinistra che a destra del segno "=". Perciò, dovete raggruppare su uno stesso lato i termini che contengono l'incognita (ad esempio a sinistra) ricordandovi che quando si passa da un lato all'altro del segno "=" il "+" si trasforma in "-".
Se fate questa operazione e mettete l'incognita m_C in evidenza, ottenete:

$$m_C \, (1 - 0{,}0012 \,) = 50 \text{ kg}$$

e dato che

$$1 - 0{,}0012 = 0{,}9988$$

arrivate all'espressione

$$m_C \times 0,9988 = 50 \text{ kg}.$$

Quindi

$$m_C = 50 \text{ kg}/0,9988$$

e considerato che (circa):

$$50/0,9988 = 50,06$$

ottenete che la vostra massa corporea vale, approssimativamente:

$$m_C = 50,06 \text{ kg}.$$

In altre parole, la vostra vera massa risulta essere **superiore** di **0,06 kg** (vale a dire **60 grammi**) rispetto a quanto indicatovi dalla lancetta della vostra cara pesapersone. (Una brutta notizia per chi sta cercando di dimagrire!)

Eureka! Ora conoscete non solo il vostro vero peso (in newton) ma pure l'esatta (o quasi esatta) quantità di materia con cui è fatto il vostro corpo!

Beninteso, se il valore indicato dalla vostra pesapersone non è esattamente di **50 kg,** come da me ipotizzato, non dovrete far altro che rifare l'ultima parte del calcolo rimpiazzando il numero **50** con il valore rivelatovi (in chilogrammese) dalla vostra bilancia.

15. Il commiato di Einstein

Se ce l'avete fatta a capire il precedente calcolo, lasciatemelo dire: siete dei promettenti scienziati e forse un giorno diventerete delle celebrità. Se invece non ce l'avete fatta non cambia nulla, perché forse diverrete lo stesso delle celebrità, chi può dirlo?

Prima di lasciarci vorrei chiedere al Professor Einstein se è d'accordo con tutto quello che abbiamo eurekato! Perché sapete, non si sa mai, si possono sempre commettere degli errori, e chiedere il parere di un collega esperto è un ottimo sistema per evitare almeno quelli più pesanti.

"Dunque Professore, che cosa ne pensa: abbiamo fatto un buon lavoro?"

"Certamente, devo proprio farvi i complimenti per l'entusiasmante caccia all'errore! Penso sia ora chiaro a tutti che noi terrestri, a differenza dei seleniti, essendo continuamente immersi in un fluido – sia esso l'aria, l'acqua o una valanga di neve fresca –

siamo continuamente sospinti verso l'alto dalla spinta ascensionale di Archimede. Perciò, la massa che misuriamo con le cosiddette bilance pesapersone non è mai la nostra massa reale, bensì una **massa effettiva,** cioè la nostra massa reale **meno** la massa del fluido spostato dal nostro corpo.

Per dirla in modo un po' più romantico, quando un corpo è immerso in un fluido, un po' dell'amore gravitazionale è assorbito dal fluido, riducendo così la forza di attrazione.

Ma ora, visto che l'onore dell'ultima parola è mio, avrei un'importante dichiarazione."

"La prego Professore, siamo tutto orecchi!"

"Ebbene, si tratta di questo: **la forza gravitazionale non esiste!**"

"È sicuro di sentirsi bene?"

"Mai sentito meglio, grazie. Vedete, all'inizio del **1900** ho proposto una nuova e rivoluzionaria teoria, chiamata **teoria della relatività generale.** Si dà il caso che secondo questa mia teoria non ci sarebbe nessuna forza gravitazionale. La gravitazione, infatti, altro non sarebbe che una **deformazione dello spaziotempo**."

"Mi scusi Professore ma lei sta cominciando a parlare un po' troppo complicato."

"Ha ragione, e pertanto vi saluto. Chissà, forse sarà per voi l'occasione di una nuova caccia all'errore!"

una misteriosa
deformazione
spaziotemporale

Nota finale

Qualche lettore potrebbe essere rimasto un po' sorpreso dalle affermazioni contenute in questo libretto e obiettare che le mie dichiarazioni sono decisamente fuorvianti. Infatti, ogni insegnante che si rispetti insegna ai propri allievi che **un chilo è sempre un chilo!** E se questo è vero, allora un chilo di ferro, per definizione, non può far altro che pesare esattamente quanto un chilo di piume, anche se, ovviamente, per fare un chilo di ferro ci vuole un piccolo volume di sostanza metallica mentre per fare un chilo di piume ce ne vuole già un bel sacco!

Chi è l'asino? Io che ho scritto questo libretto o coloro che affermano che un chilo di ferro e un chilo di piume pesano uguale, dato che sempre di un chilo si tratta? Niente paura, abbiamo entrambi ragione, basta intenderci sul significato che diamo alle parole.

Come ho avuto modo di spiegarvi, i chilogrammi non si usano per misurare le forze, ma per misurare la massa degli oggetti. Esiste però un'altra unità di misura, detta il **chilogrammo-forza (kgf)**, che spesso viene confusa con il **chilogrammo** semplice.

Un chilogrammo-forza (detto anche **chilogrammo-peso**) è per definizione il peso (in newton) del cilindro campione di platino-iridio custodito nei pressi di Parigi, misurato in assenza di atmosfera (ossia nel **vuoto!**) In altre parole, **1 chilogrammo-forza** vale **9,81 newton**:

$$1 \text{ kgf} = 9,81 \text{ N}$$

Si tratta ovviamente di un'unità di misura perfettamente idonea a misurare una forza, essendo equiparata a dei newton e non a dei chilogrammi!

Supponete ora che qualcuno vi ponga il seguente quesito:

*"Se su un piatto della bilancia mettete 1 **kgf di ferro** e sull'altro 1 **kgf di piume**, quale peserà di più?"*

La risposta, questa volta, è che peseranno esattamente uguale, poiché nella domanda è già contenuta la risposta, cioè il valore del peso dei due corpi (espresso in chilogrammi-forza anziché in newton).

Se invece il quesito menzionasse i chilogrammi semplici (come nell'ingannello di mio padre) anziché i chilogrammi-forza, allora la domanda non conterrebbe più la risposta, dacché vi direbbe qual è la massa dei due corpi, ma non il loro peso!

Ma come sappiamo, ferro e piume non hanno uguale densità, perciò a parità di massa il loro volume differisce sensibilmente. Ed essendo entrambi immersi nel fluido atmosferico, subiscono una spinta ascensionale di Archimede che è direttamente proporzionale al loro volume. E dal momento che una bilancia non è in grado di separare la forza gravitazionale dalla spinta di Archimede, quello che misura – il peso – è una **forza gravitazionale effettiva**, che differisce dalla forza gravitazionale reale misurata in assenza di atmosfera, vale a dire nel **vuoto!** Infatti:

Solo quando la misura del peso è realizzata nel vuoto, ad esempio sulla Luna, la spinta di Archimede è nulla e la forza-peso misurata dalla bilancia equivale in tutto e per tutto alla forza gravitazionale.

 **Attenzione** però, nei manuali di fisica la distinzione tra **peso** e **forza gravitazionale** solitamente non viene fatta! Ancora una volta si tratta di mettersi d'accordo sulle definizioni. Se si sceglie di eguagliare i concetti di **peso** e **forza di gravità** (cosa che nella nostra caccia all'errore non abbiamo fatto) diventa essenziale precisare che strumenti come le bilance

e i dinamometri sono in grado di misurare con esattezza il peso **solo e unicamente quando operano nel vuoto!**

In ultimo vorrei segnalarvi, per completezza, che la misura del peso di un corpo varia non solo in funzione della sua **altitudine,** ma altresì della sua **latitudine** e **longitudine**. Questo a causa del fatto che la Terra:

(a) ruota incessantemente attorno al proprio asse;

(b) non è una sfera perfetta, essendo appiattita ai poli e un po' rigonfia all'equatore;

(c) non è un corpo di densità omogenea.

Se non vi ho parlato di tutti questi effetti aggiuntivi nel corso della nostra caccia all'errore è essenzialmente per due ragioni:

(1) per non complicare troppo la nostra discussione;

(2) perché non è necessario tenerne conto per risolvere l'ingannello postomi da mio padre.

Infatti, tutte queste correzioni agiscono allo stesso modo sia sul chilo di ferro che sul chilo di piume e pertanto non è possibile rilevarle usando una bilancia a bracci eguali.

Parole speciali (glossario)

Qui di seguito troverete, elencati in ordine alfabetico, i principali **termini tecnici** che abbiamo usato nella nostra caccia all'errore, e le loro rispettive definizioni.

Si tratta di definizioni solo approssimative. Nella misura in cui progredirete nei vostri studi sarete in grado di completarle, rendendole sempre più accurate. (I famosi puntini sulle "**i**"!)

Accelerazione: grandezza che esprime la variazione della velocità di un corpo per unità di tempo (la velocità della sua velocità).

Accelerazione gravitazionale: accelerazione prodotta dalla forza gravitazionale. Quella terrestre al livello del mare vale mediamente **9,81 m/s^2**. Si tratta di un valore medio dato che la Terra non è una sfera perfetta, per cui la distanza rispetto al centro del pianeta varia da un luogo all'altro della sua superficie.

Chilo: prefisso che anteposto a una grandezza fisica indica quella stessa grandezza moltiplicata per mille. Si può scrivere anche **kilo**. Nel linguaggio comune il termine chilo è spesso usato come abbreviazione di chilogrammo.

Chilogrammo: mille grammi. Quantità di materia esattamente contenuta nel cilindro di platino-iridio conservato nei pressi di Parigi, all'ufficio internazionale dei pesi e delle misure.

Densità: quantità di materia contenuta in un corpo per unità di volume. Solitamente viene espressa in chilogrammi al metro cubo **(kg/m^3)**, oppure in grammi al centimetro cubo **(g/cm^3)**.

Equilibrio: condizione di un corpo tale che la somma delle forze (e dei momenti di forza) che si esercitano su di esso è nulla.

Fisica: scienza che studia, descrive e spiega i fenomeni naturali per mezzo di esperimenti e teorie, lungo un percorso di continue "cacce all'errore".

Fluido: materiale composto da particelle (ad esempio atomi, molecole, granelli) che si muovono più o meno liberamente le une rispetto alle altre. Tipici esempi di fluidi sono i gas e i liquidi, ma anche le sostanze granulari (come la sabbia) quando i granelli possono muoversi in tutte le direzioni.

Forza: causa in grado di modificare il movimento di un corpo materiale, accelerandolo o decelerandolo.

Forza gravitazionale: forza attrattiva che agisce reciprocamente su tutti i corpi dell'universo.

Gas: sostanza fluida che si trova in uno stato detto aeriforme, o gassoso. Le sostanze gassose non hanno forma e volumi propri, ma sposano la forma e i volumi dei contenitori che le contengono.

Gedankenexperimente: esperimento di pensiero il cui risultato è simulato mentalmente.

Intensità: nel caso di una forza è la lunghezza della sua freccia (vettore), misurata in newton.

Kilo: vedi **chilo**

Kilogrammo: vedi **chilogrammo**

Legge (o principio) di azione e reazione: se un corpo A esercita una forza su un corpo B, allora il corpo B esercita reciprocamente una forza sul corpo A, di pari intensità e direzione, ma verso opposto.

Legge (o principio) fondamentale della dinamica: la somma delle forze che agiscono su un corpo materiale è uguale al prodotto della massa del corpo per la sua accelerazione, conformemente alla formula $F = m \times a$.

Liquido: sostanza fluida che come i gas non possiede una forma propria, ma che contrariamente ai gas possiede un volume proprio (a temperatura costante).

Massa: grandezza fisica che misura la quantità di materia contenuta in un corpo. Più un corpo è massiccio e maggiore è la sua inerzia, ossia la sua resistenza a cambiare il proprio stato di movimento, conformemente a quanto espresso dalla legge fondamentale della dinamica.

Newton: celebre scienziato inglese e unità di misura dell'intensità delle forze. (Attenzione: quando la parola si riferisce all'unità di misura, si scrive con la "n" minuscola!)

Peso: forza che tira un corpo verso il centro del pianeta, a causa dell'attrazione gravitazionale, così come misurata da appositi strumenti, detti bilance o dinamometri. Nel vuoto il concetto di peso equivale a quello di forza gravitazionale.

Principio (o legge): enunciato posto a fondamento di una teoria al quale si attribuisce (limitatamente a uno specifico campo di applicabilità) una validità generale.

Principio di Archimede: un corpo immerso in un fluido riceve una spinta dal basso verso l'alto pari al peso del volume di fluido spostato.

Sillogismo: ragionamento logico in tre fasi che conduce a una conclusione necessaria.

Spinta di Archimede: forza che subisce un corpo immerso in un fluido a causa del variare della pressione con la profondità. È detta anche **spinta idrostatica.**

Spinta idrostatica: vedi **spinta di Archimede.**

Velocità: grandezza che esprime la variazione della posizione di un corpo (spostamento) per unità di tempo.

Vettore: grandezza che (come una freccia) possiede una lunghezza, una direzione e un verso (o senso).

Volume: quantità di spazio contenuta in un corpo, solitamente espressa in metri cubi **(m^3).**

Scienziati

Qui di seguito troverete, elencati in ordine di apparizione, gli scienziati menzionati nel libro. (Me compreso!)

Massimiliano Sassoli de Bianchi: (nato nel 1965) è l'autore dello scritto che tenete tra le mani (o che vedete sullo schermo del vostro computer): la sua prima opera di divulgazione scientifica rivolta a lettori di tutti i pesi e tutte le età. È un fisico teorico il cui campo di ricerca è la meccanica quantistica.

Socrate: (469 a.C. – 399 a.C.) è stato un grande filosofo greco, famoso per aver usato il **dialogo** come "arma" per andare a caccia degli errori che si celavano nella mente dei suoi interlocutori. Fu giustiziato per le sue idee troppo innovatrici ed è oggi considerato il padre del pensiero etico e della filosofia in generale.

Albert Einstein: (1879 – 1955) è stato un fisico e filosofo tedesco che con i suoi studi rivoluzionari ha profondamente marcato l'intera scienza moderna. Tra il grande pubblico è noto soprattutto per la sua teoria della relatività, e per la celebre formula $E=mc^2$.

Isaac Newton: (1642 – 1727) è stato un filosofo, matematico, fisico e alchimista inglese, divenuto celebre, tra le altre cose, per la sua scoperta delle leggi del moto e della teoria della gravitazione universale (che verrà in seguito perfezionata da Einstein).

Archimede di Siracusa: (287 a.C. 212 a.C.) è stato un geniale matematico, astronomo, fisico e ingegnere greco (a quei tempi Siracusa era greca!) noto in particolare per i suoi studi sui corpi galleggianti. Oltre ad "Eureka!", tra le sue celebri esclamazioni c'è: "Datemi una leva e solleverò il mondo!"

Galileo Galilei: (1564 – 1642) è stato un fisico, filosofo, astronomo e matematico italiano. A lui si deve l'introduzione del metodo scientifico nella ricerca delle leggi della natura e la scoperta del famoso principio di inerzia (poi ripreso da Newton nelle sue leggi del moto). Per le sue idee rivoluzionarie fu condannato come eretico dalla chiesa e costretto agli arresti domiciliari vita natural durante.

Ringraziamenti

Nel 2005 mio figlio Luca frequentava la quinta elementare presso la scuola di Morcote (un paesino lacustre della Svizzera). Un bel giorno, rincasando da scuola, mi annunciò con voce solenne che la maestra Daniela mi aveva invitato ad esporre alcuni temi di fisica in classe.

Prima di allora non avevo mai insegnato ad allievi così giovani, ma stimolato dalla sfida accettai l'invito. L'esperimento si rivelò un successo – almeno così mi assicurarono gli allievi! – e questo libro è il resoconto dettagliato (oltre che ampliato) di una delle due lezioni che svolsi in quella occasione.

Desidero ringraziare in primis la maestra Daniela, per la gradita convocazione, senza la quale questo scritto non sarebbe mai nato.

Ringrazio inoltre i miei due figli, Luca e Federico, per l'inesauribile pazienza (e diplomazia) con la quale spesso subiscono le mie divagazioni da scienziato pazzo!

Un ringraziamento particolare va al dott. Gianluigi, per i suoi commenti oculati che mi hanno permesso di stilare la preziosa "nota finale".

Infine – ultimo ma non meno importante – desidero ringraziare mio padre per i suoi stimolanti "ingannelli" serali, che a suo tempo (e a sua insaputa!) hanno sapientemente pungolato la mia giovane curiosità.

www.ingramcontent.com/pod-product-compliance
Lightning Source LLC
Chambersburg PA
CBHW051524170526
45165CB00002B/590